"双碳目标"下重庆乡村碳排碳汇效能评价及碳中和策略研究

（重庆市教育委员会科学技术研究项目,项目编号:KJQN202203805）

双碳背景下重庆"碳中和新乡村"环境空间营建策略研究

（重庆市教育委员会人文社会科学研究项目,项目编号:22SKGH534）

农村人居环境整治工程

（重庆水利电力职业技术学院横向项目,项目编号:横20230116）

基金课题研究成果

碳 乡 融 合

——双碳目标下"碳中和乡村"营建设计研究

刘　鹏　尹江苏　权凤　著

黄河水利出版社

·郑　州·

内 容 提 要

本书在中国双碳目标与乡村振兴战略背景下，提出"碳乡融合"新途径，旨在促进乡村地区生态经济平衡发展。书中深入探讨了碳中和国家战略与乡村振兴战略的结合点，通过分析乡村资源空间的角色及管理挑战，构建"碳乡融合"的理论框架，并提出包括农业减碳、新能源技术增长等策略和路径。此外，本书强调社会参与的重要性，并以重庆地区为例，展示碳中和新乡村营建设计的关键原则与规划实践，提供可复制的成功经验。

本书提供了乡村地区碳中和的系统理论框架和实践路径，对乡村可持续发展的指导及全球其他地区类似挑战的解决方案具有重要参考价值。本书适用于政策制定者、城乡规划师、环境工程师及相关领域的学者和学生，可作为政策指导、城乡规划参考书籍及高等教育教材，帮助专业人士和学生理解并应对乡村发展中的碳中和挑战。

图书在版编目（CIP）数据

碳乡融合：双碳目标下"碳中和乡村"营建设计研究/刘鹏，尹江苏，权凤著. -- 郑州：黄河水利出版社，2024. 6. -- ISBN 978-7-5509-3900-4

Ⅰ. TU984. 29

中国国家版本馆 CIP 数据核字第 2024AZ3111 号

组稿编辑　田丽萍　电话：0371-66025553　E-mail：912810592@ qq. com

责任编辑　景泽龙　　　　　　　责任校对　韩莹莹
封面设计　黄瑞宁　　　　　　　责任监制　常红昕
出版发行　黄河水利出版社
　　　　　地址：河南省郑州市顺河路 49 号　邮政编码：450003
　　　　　网址：www. yrcp. com　E-mail：hhslcbs@ 126. com
　　　　　发行部电话：0371-66020550
承印单位　广东虎彩云印刷有限公司
开　　本　787 mm×1 092 mm　1/16
印　　张　8. 25
字　　数　200 千字
版次印次　2024 年 6 月第 1 版　　2024 年 6 月第 1 次印刷
定　　价　45. 00 元

前　言

　　气候变化已经成为一个异常紧迫的问题,碳中和作为其应对策略之一,逐渐被推至国际舞台的中心,实现碳中和来改变未来人类命运已成为国际社会共同的呼声和行动指南。面对这一全球性的挑战,中国作为一个负责任的大国,提出了"双碳"目标,即到2030年前碳排放达到峰值,到2060年实现碳中和。这一宏伟目标的实现,离不开城市及乡村地区的广泛参与和深刻转型。在历史与未来的交会点上,审视过去的足迹,探寻前行的道路,碳中和是环境的警钟,还是发展的需求,抑或是对未来美好生活的向往,这些因素交织在一起,本书应时而生,探索如何在乡村振兴的浪潮中融入碳中和的理念,赋予传统乡村营建新的生命力。

　　在气候变化这一全球性课题面前,每一片土地、每一个社区都承载着宝贵的责任和机遇。本书将视野聚焦于乡村,探索如何在这些重要但往往被忽视的地区实现碳中和目标,期待能够激发更多思考和行动,引领乡村地区在碳中和的征程上扮演更加积极和创新的角色。同时也希望乡村地区能够在全球环境治理中发挥独特且重要的作用,迈向绿色、和谐、可持续的未来。

　　本书为"双碳目标"下重庆乡村碳排碳汇效能评价及碳中和策略研究(重庆市教育委员会科学技术研究项目,项目编号:KJQN202203805)、双碳背景下重庆"碳中和新乡村"环境空间营建策略研究(重庆市教育委员会人文社会科学研究项目,项目编号:22SKGH534)、农村人居环境整治工程(重庆水利电力职业技术学院横向项目,项目编号:横20230116)等基金课题研究成果。

　　本书不仅是一部关于乡村振兴和环境保护的学术作品,更是一份指引未来行动的宝贵指南。本书的学术价值在于它系统地介绍了碳中和理论与实践,还深入探讨了乡村振兴与碳中和相结合的新模式。通过对重庆地区案例的细致研究,展示了理论与实践相结合的可能性和有效性,为其他地区提供了可参考的经验。本书的实用价值体现在其对政策制定者、城乡规划师、环境保护工作者及关心乡村发展的公众的启发。它为各级政府在制定相关政策时提供了理论依据和实践指导,为乡村规划和环境保护提供了具体的操作方案,同时也增强了公众对碳中和重要性的认识。

　　全书由重庆城市科技学院刘鹏、尹江苏负责撰写,刘鹏撰写第1~3章(共计10万字),尹江苏撰写第4章、结语及参考文献(共计10万字)。重庆水利电力职业技术学院权凤负责审稿、统稿。受限于作者见识与理解,虽经过深思熟虑、努力构筑,但本书难免存在疏漏与不足,恳请读者不吝赐教,以助于知识的丰富与真理的探求。

愿本书激起更多研究者的涟漪，共襄碳中和乡村营建的研究与实践盛举，相信通过不懈的努力与智慧的集结，可持续发展的未来将不再遥不可及，而是一步步转化为触手可及的实际成果。道阻且行，行则将至，让我们携手并进，为缔造一个更加绿色、和谐、可持续的乡村环境贡献绵薄之力，共同书写乡村振兴与生态文明的新篇章。

作　者
2023 年 12 月

目　录

第 1 章　乡村振兴、碳中和要义

随着全球气候变化的日益严峻,碳中和已成为一个全球性的议题,不仅涉及环境保护,也密切关联着经济与社会的可持续发展。中国作为世界上最大的发展中国家,其在实现碳中和目标上的努力对全球减碳进程具有重要影响。在此背景下,本章着重探讨中国的碳中和战略与政策,以及这些战略如何与乡村振兴相结合,来推动实现"双碳"目标。

乡村振兴作为中国的一项重要国策,其与碳中和目标的结合,即"碳乡融合",不仅能够促进农村经济社会的全面发展,还能实现环境的可持续发展。在探讨国家层面的碳中和战略与乡村振兴政策的同时,本章还将分析二者之间的紧密联系,以及如何通过具体政策和措施实现乡村地区的碳中和和可持续发展。通过对政策背景和战略框架的深入剖析,本章旨在为理解"碳乡融合"提供一个全面的理论基础,进而为中国乡村的可持续发展路径提供新的思路和方向。

1.1　碳中和国家战略与政策

1.1.1　碳中和的概念、益处、挑战

碳中和,作为应对全球气候变化的关键策略之一,指的是通过各种措施平衡碳排放与碳吸收,实现净碳排放量的"零"状态。具体而言,碳中和不仅仅是简单地减少碳排放,而是要通过提高能效、使用可再生能源、植树造林等方式吸收等量的二氧化碳,以抵消剩余的碳排放。这一概念在全球范围内逐渐被接受,并成为众多国家和地区应对气候变化、实现可持续发展的重要目标。

碳中和的益处有多方面。首先,它有助于缓解全球变暖,保护地球生态系统。通过减少温室气体排放,特别是二氧化碳,碳中和可以减缓气候变化的速度,保护生物多样性。其次,碳中和促进了能源结构的转型,加速了可再生能源的发展,它不仅减少对化石燃料的依赖,也有助于提高能源安全性和经济效益。此外,碳中和还鼓励绿色经济的发展,创造新的就业机会,促进社会的可持续发展。

然而,实现碳中和面临着不小的挑战。第一,技术挑战显著,尤其是在能源转型、碳捕获和储存技术方面。这些技术的研发和应用需要巨大的资金投入和时间成本。第二,从政策和管理层面看,需要全球性的合作和协调,包括制定统一的标准、共享减排技术和经验等。第三,经济成本也是一大障碍,特别是对发展中国家而言,如何在不影响经济发展的情况下实现碳中和,是一个棘手的问题。第四,社会的参与和公众意识的提高也是实现碳中和的关键,需要通过教育和宣传提高公众对气候变化和碳中和的认识,以促进全社会的共同参与。

1.1.2　国家层面的承诺与目标

中国政府在应对全球气候变化的国际舞台上扮演着越来越重要的角色。2020年,中国领导层宣布了具有里程碑意义的承诺:力争于2030年前实现碳达峰,2060年前实现碳中和。这一宣言标志着中国在全球气候治理中的领导地位的进一步巩固,并彰显了其作为负责任大国的全球责任感。

实现这一雄心勃勃的目标,意味着中国需要在未来几十年内进行深刻的能源结构和产业结构调整,同时促进经济社会可持续发展。中国的这一承诺在国际社会产生了广泛影响,被视为全球应对气候变化努力的重要推动力。通过这一承诺,中国不仅在全球减排努力中承担了更大的责任,也为其他国家提供了行动的范例。

中国政府在推进碳达峰和碳中和目标方面展现了明确的领导力,体现在多个方面,如加强国家层面的顶层设计、制定长期战略规划,以及通过国际合作和对话推动全球气候治理。中国的这一承诺不仅是对国内外环境责任的回应,更是对经济社会转型和高质量发展的积极探索。

1.1.3　政策工具与实施机制

中国实施碳中和目标的政策工具和实施机制体现了其全方位的应对策略。政策工具主要包括但不限于建立碳排放交易体系、推进绿色金融、发展低碳技术和优化能源结构。碳排放交易体系作为一种市场化的工具,旨在通过市场机制促进碳减排,并在国内外逐步推广。该一体系鼓励企业通过技术创新和提高能效来减少碳排放,同时为碳减排项目提供资金支持。

绿色金融是另一个关键工具,它通过金融市场和产品促进环境保护与气候变化应对。中国在推动绿色金融领域已取得显著进展,如设立绿色信贷和绿色债券,为绿色项目提供资金支持。此外,低碳技术的发展和应用,如可再生能源技术、节能技术和碳捕捉与存储技术,是实现碳中和的重要途径。中国在这些领域持续投入,力求在全球低碳技术领域保持领先地位。

1.1.4　跨部门协作与政策协同

实现碳中和目标的复杂性要求跨部门、跨层级的协作与政策协同。中国政府在这方面展现了有效的跨部门协调能力。环保、能源、工业、科技等多个部门需要密切配合,形成统一且协调的政策推进机制。例如,环保部门主导减排政策的制定与执行,能源部门负责能源结构的优化与清洁能源的推广,工业部门则着重于工业结构的调整和低碳技术的应用。

政策协同体现在不同层级政府之间的合作,如中央与地方政府之间的政策执行和反馈机制。地方政府在实施碳中和相关政策时,不仅需要遵循国家层面的指导原则,还需要根据本地实际情况制定具体实施计划,中央与地方政府之间必须建立有效的沟通渠道,确保政策实施的连贯性和有效性。

通过跨部门和跨层级的协作与协同,中国正在构建一个全面、高效的碳中和政策实施体系。该体系强调政策的一致性和系统性,注重灵活性和适应性,确保能够有效应对碳中和过程中的各种挑战和变化。

1.2　乡村振兴政策与战略

1.2.1　乡村振兴的核心目标

● 经济发展

中国的乡村振兴战略重视农村经济的多元化和现代化。这涵盖了从传统农业向现代农业业态的转变,包括提高农业生产的技术含量、发展农村二三产业、促进农产品加工和品牌建设等。重点在于提升农业的整体效益和竞争力,同时通过产业融合,开辟农民增收的新渠道。例如,通过发展乡村旅游、特色农产品深加工等方式,实现农民收入稳定增长。

● 社会进步

社会进步目标关注农村公共服务的改善和人民生活质量的提升。这包括改善农村医疗卫生条件、加强农村教育资源配备、提高农村社会保障水平等。例如,通过建设农村卫生服务体系、提升教育质量和覆盖率,确保农民享有与城市居民同等的基本公共服务。

● 文化振兴

文化振兴的目标在于保护和传承农村传统文化与乡村文明。这涉及挖掘和展示乡村文化的独特价值,如传统手工艺、民俗活动和乡土文化的保护与发展。同时,推动新时代文明乡风的建设,促进农村精神文明和道德水平的提升。

● 生态环境改善

乡村振兴战略强调生态文明建设和环境保护。重点在于推动农村生态环境的持续改善,包括水土保持、生态恢复、污染防治和绿色生活方式的倡导。如通过实施退耕还林、湿地保护等项目,加强对农村生态系统的保护和修复,确保农村环境的持续健康。

1.2.2　政策框架与行动计划

在乡村振兴战略的实施中,构建政策框架和行动计划至关重要。框架和计划提供了战略方向,确保了实施的有效性和系统性。乡村振兴的政策框架由多层次、多方面的政策组成,涵盖了从农业生产到农村社会治理的各个方面,反映了中国对农村发展的持续关注和对新挑战的适应。政策框架主要构成包括:

● 政策指导

由国家层面提供的总体指导原则,明确了乡村振兴的目标和重点领域。例如,指出了农业现代化、农村社会保障体系建设和农村环境保护等作为乡村振兴的关键方向。

● 立法支持

制定和修订相关法律法规,为乡村振兴提供法律保障。例如,《乡村振兴促进法》等法律的制定,为实施乡村振兴战略提供了法律基础。

● 综合规划

制定中长期的发展规划,确定乡村振兴的具体目标和路径。这些规划涵盖了农业生产、农村基础设施建设、乡村社会服务体系等多个方面。

同时,政府也积极实施了多项乡村振兴行动计划,这些行动计划正是中国政府在实现乡村振兴战略中的具体行动,反映了对农村综合发展的全面承诺和持续努力。通过这些计划的实施,乡村振兴战略正逐步转化为具体的成果,促进了农村地区的经济增长、社会进步、文化繁荣和生态改善,为中国的农村地区带来了全面而深刻的变革。具体措施包括:

- **农业转型计划的推进**

推动农业向更高效、更环保的方向发展,引入先进的农业技术,改善农业生态环境,提升农产品市场竞争力。

- **农村基础设施建设的加强**

大规模的农村基础设施建设,如改善交通条件、升级供水供电设施,以提升农村居民的生活标准和区域经济发展潜力。

- **社会服务改革的深化**

致力于加强农村地区的教育、医疗和社会保障系统,提升农民的福祉和生活质量。

- **生态保护与恢复项目的实施**

推动一系列农村环境保护和生态恢复项目,如退耕还林、湿地保护,以及生态农业的发展,旨在实现农村生态的可持续发展。

1.2.3　乡村振兴战略与全球可持续发展目标的整合

乡村振兴战略与全球可持续发展目标的整合是实现乡村全面发展的关键。乡村振兴战略的设计和实施,紧密结合了联合国的可持续发展目标(SDGs),作为全球可持续发展努力的一部分,描绘了国内农村发展的蓝图。在此框架下,中国政府的行动计划和政策旨在协调经济增长、社会包容性和环境保护,确保乡村振兴在促进农民福祉的同时,也为实现更广泛的可持续发展目标作出贡献。这些整合体现在提升农村经济水平和改善生活质量,涉及实现社会公平和环境保护。具体来说,乡村振兴战略与以下几个全球可持续发展目标密切相关:

- **消除贫困**

在乡村振兴战略中,消除贫困是一项核心任务。这一目标通过提升农业效率、拓宽农民就业渠道、改善农村公共服务等多方面措施来实现。通过实施精准扶贫政策,中国政府能够识别并支持那些最需要帮助的农民家庭和地区。这些政策旨在通过提供财政支持、教育和培训机会,以及改善基础设施,直接解决贫困问题。此外,发展特色农业和乡村旅游成为新的增收途径。这些策略不仅提高了农民的收入水平,也促进了农村地区的经济多元化,减少了对传统农业的依赖。这种综合性的方法旨在持久地改善农村贫困状况,通过提供更多的经济机会和改善生活条件,从根本上提高农民的生活质量。

- **可持续能源**

可持续能源的推广是乡村振兴战略中的另一个重要方面,这不仅有助于改善农村地区的能源状况,还是实现碳中和目标的关键。政府正积极推广清洁能源的使用,如太阳能和风能。通过在农村地区安装太阳能板和风力发电机,农民不仅能够获得更可靠和经济的能源供应,还能够直接参与到可再生能源产业中。此外,提高能源效率也是减少农村地区能源浪费的重要措施。这包括推广节能技术和改善农村地区的能源基础设施,如改进供暖和照明系统。这些措施不仅有助于减少对化石能源的依赖和降低碳排放,还能够提高农村地区的生活质量和经济效益。

• 可持续乡村社区

乡村振兴战略还包括构建可持续的乡村社区,以实现经济、社会和生态的和谐发展。这一目标涉及多个方面,包括经济发展、社会福祉、文化保护和生态文明建设。例如,推动绿色建筑和生态乡村建设不仅提升了农村地区的居住环境,还有助于保护和改善当地生态系统。这些措施强调了可持续性和环境友好性,旨在促进农村地区的长期发展和居民的福祉。此外,乡村振兴战略还注重保护和振兴农村传统文化,通过保护历史遗迹和传统手工艺,以及推广乡村文化活动,增强了农村社区的文化身份和凝聚力。这些综合性的措施旨在建设一个经济繁荣、社会和谐、文化丰富、生态宜居的乡村社区,为实现全面可持续发展奠定坚实基础。

1.3 碳中和与乡村振兴的重要性

在 21 世纪的全球环境与发展议程中,碳中和已成为一个关键的战略目标,中国作为农业大国,这一目标的实现与乡村振兴战略的深度整合显得尤为重要。乡村振兴涉及经济发展和社会进步,关乎生态文明的构建和可持续发展的实现,碳中和作为环境目标,与乡村振兴的经济目标和社会目标交织在一起,形成了多维度的发展框架。这一框架为中国农村地区的可持续发展指明了方向,也为全球应对气候变化和实现可持续发展目标提供了重要参考。

本节将深入探讨碳中和在对抗全球气候变化中的紧迫性、乡村地区在碳中和中的独特机遇,以及乡村振兴与碳中和相互增强的双向益处。通过这一综合性的讨论,旨在展示中国乡村振兴战略在全球气候变化背景下的重要性和远见,以及这一战略如何为实现更广泛的可持续发展目标作出贡献。它涉及政策与技术层面的创新和农村社区层面的参与实践,是一种全面、协调和可持续的发展路径。

1.3.1 对抗气候变化的紧迫性

气候变化已经成为全球范围内最严峻的环境挑战之一。根据联合国政府间气候变化专门委员会(IPCC)的报告,全球平均温度自工业革命以来已上升约 1 ℃,若温室气体排放持续增加,地球温度将继续上升,带来更加极端的气候变化现象。这对农业和农村地区的农业生产和生活方式构成严峻挑战,表现在以下几个方面:

• 极端气候事件的增加

近年来,极端天气事件的频率和强度明显增加。例如,中国北方地区遭遇的干旱、南方地区的洪水等极端天气事件对农业生产造成了重大影响。干旱导致水资源短缺、作物产量下降,洪水则导致农田被淹,影响农作物生长。这些极端天气事件不仅给农民的生计带来直接威胁,还加剧了农产品市场的波动。

● 对农业的影响

气候变化对农业生态系统产生了深远的影响。温度和降水模式的变化影响了作物的生长周期和产量。在中国,不同地区的作物生长环境受到了不同程度的影响。例如,华北平原的小麦和玉米产量受到气候变化的负面影响,而东北地区的水稻和大豆生产则面临不确定的风险。此外,气候变化还影响了农业害虫和病害的分布,增加了农作物生产的不确定性。

● 土壤退化和生态系统破坏

气候变化还加剧了土壤退化和生态系统的破坏。长期干旱和高温导致土壤水分蒸发加速,影响土壤肥力,而过度降雨则导致水土流失。这些变化不仅威胁到农业生产的可持续性,也影响到农村地区的生态平衡。

● 碳中和在应对气候变化中的角色

在这种背景下,实现碳中和成为对抗气候变化的紧迫任务。碳中和意味着通过减少温室气体排放和增加碳汇来平衡碳的排放和吸收。对于农业和农村地区而言,包括:

(1)低碳农业技术:如保护性耕作、有机农业和精准农业等技术,可以减少化肥和农药的使用,降低农业生产过程中的碳排放。

(2)可再生能源的开发:在农村地区发展太阳能、风能和生物质能等可再生能源,减少对化石燃料的依赖,降低温室气体排放。

(3)土地管理和生态恢复:通过合理的土地使用规划和生态恢复项目,如退耕还林、湿地保护等,增强农村地区的碳汇能力。

对抗气候变化的紧迫性要求人们采取有效的措施以实现碳中和。中国在乡村振兴中融入碳中和策略,不仅是对国际责任的回应,也是对农业和农村发展模式的前瞻性调整。实施碳中和策略,中国不仅能够有效应对气候变化的挑战,减缓气候变化对农业生产的负面影响,保护和恢复农村地区的生态系统,还能够提供新的发展机遇,推动农业和农村地区的可持续发展,实现经济、社会和环境的和谐共生,是乡村振兴和实现可持续发展目标的重要策略。

1.3.2　乡村地区的独特机遇

乡村地区拥有丰富的生态服务、生物多样性、碳减排的贡献和固碳潜力,在实现碳中和目标方面拥有独特的机遇。

● 生态服务的重要性

乡村地区提供了一系列重要的生态服务,这些服务对于碳中和具有关键作用。广阔的农田、森林、草地和湿地等自然生态系统是有效的碳汇,它们通过光合作用吸收大量的二氧化碳。森林覆盖区域能够吸收和储存大量的碳,减少大气中的二氧化碳浓度。乡村地区的土壤是一个重要的碳储存库,其碳固存能力通过适当的土地管理和农业实践,如实施保护性耕作和推广有机耕种,减少了土壤侵蚀和退化,显著提高了土壤的有机质含量,增强了碳固存能力。

● 生物多样性的贡献

生物多样性对于碳中和同样至关重要。生物多样性丰富的生态系统通常具有更高的生产力和更强的抗干扰能力,有助于维护和增强其碳固存功能。多样化的植物群落可以更有效地利用光和水资源,促进更高的生物量生产。同时,多样化的生态系统能够更好地适应和抵御气候变化带来的负面影响,如干旱和洪水,确保其长期的碳储存能力。

● **碳减排能力**

乡村地区在碳减排方面的潜力不容小觑:

(1)乡村地区因其广阔的空间和丰富的自然资源,成为可再生能源利用的理想场所。在乡村地区可以大规模开发和利用太阳能、风能和生物质能等清洁能源,减少了对化石燃料的依赖和温室气体排放,促进了乡村地区的能源自给自足,提高了能源安全性。

(2)农业实践的改革同样是乡村地区减排潜力的重要来源。通过推广低碳农业技术,如精准施肥、滴灌和保护性耕作等,可以有效减少农业活动中的碳排放。此外,有机农业的推广对于提高农田土壤的碳固存能力和减少化肥和农药的使用大有裨益,并进一步降低了农业生产的碳足迹。

(3)资源循环利用也是乡村地区减少碳排放的重要途径。乡村地区通过建立农业废物循环利用系统,将农作物残渣、畜禽粪便等转化为生物质能源或有机肥料,减少了农业废物对环境的污染和对外部资源的依赖,实现了资源的可持续利用。

● **固碳潜力的开发**

乡村地区作为固碳潜力的重要开发地,其特有的自然生态系统和农业生产系统提供了多种途径来固定大气中的碳。

(1)在农业系统中,作物残体和有机物料的管理是提高土壤碳储存能力的关键途径。通过有效的土壤管理策略,如轮作制度、覆盖作物和改进的耕作方法,可以将作物残体和有机物料转化为土壤有机碳,增加土壤的碳库容量。这种做法增强了土壤的肥力和结构稳定性,提升了农田的生产效率。

(2)森林作为乡村地区的重要组成部分,是强大的碳汇。森林通过光合作用大量吸收二氧化碳,并将其转化为生物质,长期储存于树干、枝叶和根系中。森林土壤也积累了大量的有机碳,是碳储存的重要组成部分。在乡村地区实施森林保护和恢复工程,如提高森林覆盖率、采用可持续的森林管理方法,将极大提升其碳吸收和储存能力。

(3)草地是乡村地区另一种重要的碳储存系统。健康的草地生态系统通过茂盛的草本植被固碳,并且在其土壤中积累有机质。合理管理草地,如避免过度放牧和采用自然恢复措施,能够优化草地的碳固存能力,同时维护生物多样性和生态平衡。

(4)湖泊和湿地也是乡村地区重要的碳汇。湿地生态系统通过其独特的水生植物和沉积物,能有效固定大量的碳。湿地中的泥炭和有机沉积物是长期碳储存的关键。保护与恢复湖泊和湿地,可以防止这些生态系统中碳的释放,促进更多碳的积累。湖泊和湿地的保护还对维护水资源、保护生物多样性和提供休闲娱乐场所具有重要作用。

乡村地区在实现碳中和方面具有独特的机遇。通过保护和恢复自然生态系统,提高生物多样性,以及发展可持续的农业和生物质能源,乡村地区不仅能够为碳中和作出重要贡献,还能够促进其自身的可持续发展。这些措施不仅有助于应对气候变化,也为农民提供了新的经济机遇,加强了农村地区的环境保护和经济发展。因此,乡村地区的碳中和战略不仅是一个环境目标,更是乡村振兴和可持续发展的重要组成部分。

1.3.3　乡村振兴与碳中和相互增强的双向益处

● **乡村振兴对碳中和的促进作用**

乡村振兴战略在促进碳中和方面发挥着至关重要的作用。乡村振兴战略中重视可持续农业的发展，推动了低碳和环境友好型农业技术的应用，如精准灌溉、有机耕作和生物多样性农业等，减少了化肥和农药的使用，降低了农业生产的碳足迹，提高了土壤的碳吸收能力。乡村振兴战略中的基础设施改善，比如能源结构的优化和交通系统的绿色升级，为乡村地区的低碳转型提供了物质基础。改进措施降低了对化石能源的依赖，推广了清洁能源的使用，直接减少了乡村地区的温室气体排放。乡村振兴战略中强调对自然资源的保护与合理利用，如森林和湿地的保护、恢复和可持续管理，加强了乡村地区的生态系统服务功能，提高了其作为自然碳汇的潜力。

● **碳中和对乡村振兴的推动作用**

碳中和实践在推动乡村振兴方面也具有显著影响。实施碳中和策略促进了乡村地区如生物质能、太阳能和风能等新能源产业的发展，带来了新的经济增长点，创造了大量就业机会，提升了乡村居民的收入水平和生活质量。同时，这些清洁能源项目吸引了外部投资，促进了乡村地区的经济多元化发展。碳中和的实践直接推动了乡村地区环境质量的改善。通过减少碳排放和加强生态保护，乡村地区的空气质量、水质和土壤状况得到显著改善，为乡村居民提供了更加宜居的生活环境。此外，碳中和策略的实施还提高了乡村地区对气候变化的适应能力，降低了极端天气事件对农业生产的影响，保障了乡村地区的粮食安全和农业可持续性。

● **乡村振兴与碳中和的相互促进机制**

乡村振兴与碳中和之间存在着深层次的相互促进机制。一方面，乡村振兴的"生态振兴"对生态环境保护非常重视，为碳中和提供了丰富的自然资源和生态基础；另一方面，碳中和的实践又为乡村振兴提供了新的思路和途径，如通过生态旅游、绿色产品认证等方式，加强了乡村地区的品牌建设，提高了其在国内外市场中的竞争力。此外，乡村振兴与碳中和的结合通过推动环保意识的普及和参与式管理模式的实施，促进了乡村社区治理结构的创新。这种结合鼓励乡村居民积极参与环境保护活动和碳减排项目，建立环境保护和碳减排的激励机制，增强乡村社区对可持续发展的责任感，构建了更加开放、协作和可持续的社会治理体系。

总之，乡村振兴与碳中和之间的相互增强关系是实现可持续发展的关键。将乡村振兴战略与碳中和目标相结合，可以有效对抗全球气候变化，还能促进乡村地区的经济发展、社会进步和生态环境改善，为中国乃至全球的可持续发展作出重要贡献。

第 2 章 "碳乡融合"的发展背景及内在机制

在当前全球积极探索可持续发展与环境保护的背景下,本研究提出了"碳乡融合"这一新颖概念。该概念的核心在于将碳中和的目标与乡村振兴的进程紧密结合,它是对中国乡村发展模式深刻变革的一次尝试,也是对全球气候治理实践的显著贡献。本章着力于深度解析这一创新且复杂的理念,探讨其在多个层面的实践意义和广泛影响。"碳乡融合"作为一个跨领域、多维度的理念,涵盖了政策制定、技术创新以及社会经济等众多方面。本章将深入讨论"碳乡融合"的定义、发展历程及其背后的深层机制。从政策推动、市场机制到技术创新和社会经济要素,全面分析这一理念在推动乡村地区实现碳中和过程中的作用和深远影响。为了更精准地理解和实施"碳乡融合",本章构建了这一概念的基本框架、关键原则及其在现实操作中的应用路径。

本章的核心目标在于深入剖析"碳乡融合"作为一种创新的乡村发展模式,探讨它如何在乡村振兴和碳中和之间构建互利共赢的关系。通过详尽阐释其理论基础、实践路径和综合影响,期望为乡村的可持续发展以及全球环境保护贡献新的思考和解决方案。

2.1 乡村资源空间的角色与潜力

乡村地区作为自然资源和生态服务宝库的重要性不言而喻。乡村不仅是农业生产的基石,也是生态平衡和生态服务多样性的关键区域。在乡村振兴与碳中和融合的过程中,深入理解乡村资源空间的多重角色和巨大潜力显得尤为关键。它是农业生产的基础,也是维持生态平衡和提供多样化生态服务的关键区域。

2.1.1 自然资源与生态潜力

乡村地区拥有的自然资源种类繁多,包括土地、水资源、森林、草地和生物多样性等,这些资源不仅是农业生产和乡村经济的基石,也承担着维护地球生态系统和气候平衡的重任。

• 土地资源

土地资源作为一种基本的自然资产,不只承担着农业生产的职责,同时也是实现碳中和目标的重要依托。农田和林地作为主要的土地类型,通过植被的光合作用有效吸收大气中的二氧化碳,减少温室气体的总量。此外,采用轮作、保护性耕作等科学的土地管理方法,可以显著提升土壤中的有机质含量,增强土壤作为碳库的储存能力。

• 水资源

水资源是乡村地区另一个重要的自然资源。它是农业生产的关键要素,也是维持生态系统平衡的基础。湿地和河流等水体是生物多样性的重要栖息地,也是碳汇的重要组成部分。适当的水资源管理,如恢复和保护湿地生态系统,可以提高其碳固存能力,同时为当地生物提供栖息地。

● 森林资源

森林资源在碳固存中占据重要地位。森林的光合作用是大气二氧化碳的主要吸收途径之一,有助于减轻大气中温室气体的浓度。除此之外,森林还为野生动植物提供了丰富的栖息地,是维护生物多样性的重要环境。可持续的森林管理如减少非法砍伐、推广森林再生等措施,都能够有效提升森林的碳固存能力及对生物多样性的保护。

● 草地资源

草地作为乡村地区重要的组成部分,在碳储存和生态平衡方面发挥着关键作用。通过其庞大的根系网络,草地能储存大量的碳,对抗气候变化的影响。合理的草地管理策略,比如避免过度放牧、推行草地恢复计划等,能够有效保护这些生态系统,增强它们的碳固存和生态服务功能。

● 生物多样性

生物多样性是乡村地区的重要财富。多样化的生物群落是生态系统健康的标志、维持生态平衡的关键。生物多样性的保护,如野生动植物保护和生态系统恢复,可以增强生态系统的抵抗力和适应性,有效应对气候变化带来的挑战。

乡村地区的自然资源在提供生态服务和实现碳中和中发挥着核心作用。对这些资源进行精心管理和保护,可以增强其生态服务功能,同时为实现碳中和目标作出显著贡献。因此,在制定乡村振兴和碳中和策略时,全面考虑并充分利用这些自然资源的潜力是关键所在。通过这些努力,既能保护环境,又能推动乡村地区的可持续发展。

2.1.2　经济潜力

乡村经济的多角度转型和发展为实现碳中和提供了巨大的潜力,这种转型和发展不限于农业领域的变革与清洁能源的积极开发,还涉及乡村产业的多元化、经济结构的优化,以及新经济模式的积极探索等途径。

● 农业生态化与效率提升

农业生态化是实现乡村经济可持续发展的关键。农业不仅要满足食品生产的需求,还要兼顾生态保护和资源可持续使用。通过生态农业、循环农业和水土保持等措施,在提高农业产出的同时,减少对环境的负面影响,增加农业系统的碳吸收能力。此外,提升农业效率,如使用节水灌溉系统和高效肥料,也能够在保障粮食安全的基础上降低农业碳足迹。

● 乡村产业多样化

乡村经济的多样化是另一个关键因素。传统的单一农业经济模式正逐渐向多元化产业结构转变。发展乡村旅游、手工艺品制作、特色食品加工等适宜乡村本土特色的多样化产业正在兴起,为乡村地区创造了新的收入来源,在提升乡村经济活力的同时,减少了对传统能源的依赖。

● 经济结构的优化

经济结构的优化是实现碳中和目标的关键步骤,涉及从高碳排放的产业向低碳或碳中和产业的转移,转型不局限于农业领域,而是涵盖了整个乡村经济体系。例如通过促进服务业和数字经济的发展、推广信息技术领域的应用,乡村地区可以有效减少对传统高碳行业的依赖,减轻对物质资源的需求和能源消耗,降低整体的碳排放水平,带来了能源效率的提升和碳排放的降低。

● **新经济模式的探索**

随着技术进步和创新,乡村地区面临着探索新经济模式的机遇。互联网的普及使得基于网络的远程工作和电子商务成为可能,降低了物流成本和碳排放,也为乡村居民提供了新的就业和创业机会。此外,本地食品供应链和农村合作社的建立,缩短了食品的运输链路,有效减少了运输过程中的碳排放,同时支持当地经济的循环发展。这些新经济模式的探索开辟了乡村经济发展的新路径,促进了乡村振兴和碳中和的双重目标。

● **社会企业和绿色金融的作用**

社会企业和绿色金融在促进乡村地区碳中和中也扮演了重要的角色。社会企业通过创新的商业模式解决环境问题,如通过提供可持续的农业技术和服务,帮助农民减少碳排放。同时,绿色金融为乡村地区的碳中和项目提供资金支持,如绿色债券和绿色信贷,吸引更多的投资到可持续发展项目中。

● **乡村地区的人力资源优势**

乡村地区的人力资源也是实现碳中和的一个重要潜力所在。随着教育和培训的提升,乡村地区的劳动力可以参与到更加多样化和技术密集的产业中。他们从中提高了收入水平,也为乡村地区经济的结构升级和产业的绿色转型贡献自己的力量。

乡村地区在实现碳中和方面拥有广泛的经济潜力。这些潜力来源于农业生态化、产业多样化、经济结构的优化、新经济模式的探索以及人力资源的优势。在这些因素的共同作用下,乡村地区在实现自身经济发展和社会进步的同时,为全球的碳中和目标作出重要贡献。

2.1.3　技术潜力

乡村碳中和的实现需要依靠技术创新和应用。技术在降低碳排放、增强能源效率、促进资源循环利用以及提高农业生产可持续性方面发挥着关键作用。乡村地区的技术潜力可以从以下几个方面体现。

● **可再生能源技术**

可再生能源技术是乡村碳中和的重要支柱。太阳能、风能、生物质能和小型水力发电等技术在乡村地区直接利用当地资源,减少对化石燃料的依赖。比如太阳能光伏板可以安装在农舍的屋顶上,为农村提供清洁电力,减少电网传输过程中的能源损失;风力发电可以在风能资源丰富的地区成为主要电力来源;生物质能源技术则可以转化农业废弃物为能源,既处理了废物问题,又提供了能源。

● **节能技术**

在乡村地区,提升能源效率是实现碳中和的另一个重要途径。从建筑的节能设计到农业生产中的能效提升,节能技术的应用范围广泛。在农业机械化进程中,高效的农业机械可以减少能源消耗和温室气体排放。在家庭层面,节能家电和高效的隔热材料可以大幅度降低能源需求,减少碳排放。

● **精准农业技术**

精准农业技术通过提高农业生产的精确度和控制水平,有效减少资源浪费。如土壤和作物状况监测、智能灌溉系统以及无人机和卫星遥感技术。这些技术使农民能够更准确地进行施肥、灌溉和作物管理,减少化肥和农药的使用,提高资源利用效率。

● **废弃物管理技术**

废弃物的有效管理和处理是乡村地区实现碳中和的重要环节。技术如厌氧消化、堆肥、焚烧和物质回收等,能够将农业废弃物和家庭垃圾转化为资源,如生物肥料和再生能源等,减少了垃圾的填埋和焚烧,降低了温室气体的产生。

● **碳捕获和储存技术**

尽管当前碳捕获和储存(CCS)技术在乡村地区的应用还相对有限,但其潜在的碳中和作用不可忽视。该技术可以从工业排放中捕获二氧化碳,然后将其储存在地下,减少大气中的二氧化碳浓度。随着技术进步和成本降低,在未来这一技术可能在乡村地区的某些工业活动中发挥作用。

● **信息和通信技术(ICT)**

ICT 的发展对乡村地区的碳中和同样具有显著影响。互联网和移动通信技术的应用优化了能源和资源的分配与消费,如智能电网和远程监控系统。此外,ICT 支持远程工作和数字教育的普及,减少了交通出行需求,降低了交通领域的碳排放。

综合来看,这些技术的发展和应用为乡村地区实现碳中和提供了多维度的支持。它们不仅能够直接降低碳排放,还能提高生产效率和生活质量,促进乡村地区的可持续发展。随着技术的不断创新和普及,乡村地区在实现全球碳中和目标中的作用将愈发显著。

2.1.4　社会潜力

社会潜力在乡村率先实现碳中和中扮演着至关重要的角色,不仅因为社会因素涵盖了居民的行为、社区的组织能力和文化传统,还因为它们直接影响到碳减排措施的接受度和持续性。

● **教育与意识提升**

乡村地区实现碳中和的首要步骤是提升居民对气候变化和碳中和重要性的认识。通过教育和宣传活动,可以增强农村居民的环境意识,使他们了解气候变化对当地社区的影响,并鼓励他们采取积极行动。教育在改变乡村地区的生产和生活方式中起到关键作用,通过学校教育、成人教育和公共宣传,乡村居民可以掌握节能减排、可持续农业和废物管理等实用知识。

● **社区动力与参与**

社区是乡村振兴和碳中和活动的核心。强有力的社区组织可以协调和推进各项环保活动,包括植树造林、垃圾分类和再利用以及能源节约项目。社区动力还可以通过成立环保志愿组织、举办绿色活动和建立环保奖励机制等形式得到加强。居民的直接参与提升了项目的执行效率,增强了社区凝聚力,形成了良好的环境保护文化。

● **传统文化与生态智慧**

乡村地区的传统文化和生态智慧是实现碳中和的宝贵资源。很多传统农业社会就是建立在对自然资源可持续利用的基础之上。例如,传统节水技术、自然农法和土地轮作等,都体现了对生态环境的深刻理解和尊重。现代社会可以从这些传统智慧中吸取精华,将它们与现代科技结合,创新可持续的生产和生活方式。

● **绿色行为与生活方式**

在乡村地区推广绿色生活方式,如节能家电的使用、绿色出行和有机食品的消费等,可以直接减少碳排放。绿色行为的转变需要从个人做起,也需要社区的支持和政策的引导。随着绿色意识的提升,居民更愿意选择对环境影响小的产品和服务来推动整个社区的绿色转型。

● **社会创新与合作模式**

乡村地区在实现碳中和的过程中孕育了大量的社会创新。社区合作社、共享经济和社会企业等新型组织合作模式,更加注重社区参与和利益共享,能够有效整合资源,加速碳中和项目的实施。

● **女性和弱势群体的赋能**

女性和弱势群体同样是乡村碳中和活动的重要参与者。赋予这些群体更多的机会参与决策、教育培训,关注提高他们的生活质量,能起到以点带面的作用。女性在家庭和社区中扮演关键角色,她们在推广节能减排和可持续家庭管理方面具有独特优势。

● **社会资本与基础设施**

社会资本的建设包括信任、网络和合作关系,是乡村地区实现碳中和的"软实力"。这种社会资本对于加速知识和技术的传播,促进资源的共享和协同工作犹如润物无声的春雨。同时,改善基础设施,如交通、通信和公共服务设施,也能够支持乡村地区的低碳转型。

乡村地区在社会层面的碳中和潜力是多维度的,包括教育、社区参与、传统文化、生活方式的转变、社会创新、女性和弱势群体的赋能以及社会资本的建设。在这些社会层面作出努力,乡村地区势必能够为碳中和目标的实现作出重要贡献。

2.1.5 政策潜力

乡村地区实现碳中和的政策潜力在中国得到了明确体现。国家政策推动乡村地区成为碳中和进程的重要参与者,为碳减排提供了明确的方向和框架,通过各种激励措施,鼓励和引导乡村地区采取实际行动。

● **国家战略政策**

国家战略政策为乡村碳中和提供了强有力的支持,中国政府明确提出了"双碳"目标,即到 2030 年前实现碳达峰,到 2060 年前实现碳中和。这一目标的实现需要各地区、各行业的共同努力,尤其是乡村地区作为农业生产和生态服务的主要提供者,其作用不容忽视。中国政府已经出台了一系列政策来支持农业绿色发展、生态保护、能源结构优化等领域的改革。

● **支持性政策**

在支持性政策方面,政府通过财政、税收和金融等手段,提供了一系列激励措施。比如对采用清洁能源和节能技术的乡村企业和农户提供补贴,对生态保护和碳汇项目给予税收优惠。还有绿色信贷和绿色债券等金融工具为乡村的绿色项目提供资金支持。

● 环境立法和监管

环境立法和监管是保障乡村碳中和顺利进行的法律基础。中国的环境保护法、水污染防治法、大气污染防治法等环境立法,都为乡村环境治理和碳减排设定了明确的法律要求。同时,中国政府加强了环境监管和执法,确保各项环保政策和法规得到有效实施。

● 生态文明建设

生态文明建设是中国特色社会主义事业的重要组成部分,其核心是实现人与自然和谐共生。政府推动了一系列乡村地区实施生态文明的建设项目,比如退耕还林、河湖连通、湿地保护、美丽乡村、乡愁记忆等,明显改善了乡村的生态环境,增加了碳汇,提升了广大公民对乡村的情怀及依恋。

● 农业政策

在农业政策方面,中国致力于推动农业现代化和转型,提升农业生产的效率和可持续性。政府鼓励农业科技创新,推广节水灌溉、有机农业、生物多样性农业等可持续农业实践。同时,通过农业保险和农产品价格支持政策,减少农户因灾害造成的经济损失,提高他们参与碳中和活动的积极性。

● 能源政策

在能源政策方面,中国政府推动能源结构的优化和清洁能源的发展,制定了风能、太阳能和生物质能发展规划,提供了投资补贴和税收优惠,政府鼓励乡村地区开发和利用当地的可再生能源,还支持乡村通过能源管理系统和智能电网提高能源使用的效率。

● 碳市场和交易

中国正在建立国家层面的碳市场,为乡村地区参与碳交易提供了平台。农户和乡村企业通过参与造林、节能减排等项目,获得碳信用,在碳市场上进行交易,为乡村地区的碳中和项目提供了经济激励,促进了乡村地区与国家碳减排目标的对接。

● 国际合作

在国际合作方面积极参与全球气候治理。通过参加联合国气候变化框架公约等国际会议,中国政府在国际社会上承诺减排,并获得了国际合作项目的支持。这些项目为中国的乡村地区提供了资金和技术,也提高了中国在全球气候治理中的影响力。

● 地方政府和乡村自主

地方政府在乡村碳中和中也发挥着关键作用。地方政府根据国家政策和当地实际情况,制定地方性的碳减排计划和激励措施,鼓励和支持乡村社区自主开展碳中和活动,如建立乡村绿色发展基金、组织碳中和志愿服务等。

● 综合评估和反馈机制

政策的有效实施需要有综合评估和反馈机制,通过监测和评估碳排放数据,分析政策效果,并根据反馈及时调整政策,确保了乡村碳中和政策的适应性和有效性。

政策框架为乡村实现碳中和提供了坚实的基础和广阔的潜力。国家层面对于"双碳"目标的承诺,表明了对于实现碳达峰和碳中和的坚定决心。在此背景下,一系列支持性政策为乡村地区提供了必要的财政激励、税收优惠和金融支持,这些政策促进了清洁能源的使用,提高了农业和工业的能效,鼓励了生态保护和固碳项目。环境立法和监管确保了政策的严格执行,为乡村地区提供了一套规范化、法治化的运作模式。这些法律法规明确了环境保护的责任和要求,提高了违法成本,有效地指导了乡村地区的环保和碳减排行动。

在农业政策方面,政府推动的农业现代化和转型,包括科技创新和可持续农业实践的推广,旨在提高农业生产效率和减少碳排放。同时,能源政策的制定和执行,特别是对可再生能源的大力支持,为农村地区的能源转型提供了方向和动力。碳市场的建设和国际合作的深化为乡村碳中和提供了额外的动力和资源。碳市场为减排项目提供了经济激励,而国际合作带来了资金、技术和知识的流动,都是乡村地区实现碳中和所需的重要支持。地方政府和乡村社区的积极参与,使得碳中和的政策得以贴近实际,反映乡村地区的具体需求和特点。这种自下而上的参与和执行机制,增加了政策的适用性和有效性。最后,综合评估和反馈机制保证了政策的持续优化和改进。通过定期的监测、评估和调整,政策能够及时响应乡村地区在碳中和进程中遇到的新挑战和新机遇。

政策潜力是乡村实现碳中和的重要驱动力。通过上述国家战略政策、支持性政策、环境立法、农业和能源政策、碳市场建设、国际合作以及地方政府和社区的参与,乡村地区在实现碳中和方面具有巨大的潜力。随着政策的不断完善和实施,乡村有望在中国乃至全球的碳中和进程中发挥越来越重要的作用。在国家政策的有力引导下,结合地方政府的实施和乡村社区的参与,中国的乡村地区正在变成实现碳中和的前沿阵地,为中国乃至全球的环境保护作出了积极贡献。

2.2　乡村资源空间管理的当前状况

在探讨乡村碳中和的广阔图景中,对乡村资源空间管理的当前状况进行深入分析至关重要。本节将系统性地探讨乡村地区在土地利用、水资源管理和生态保护等方面的现状,并深入挖掘其中存在的问题和挑战。乡村地区作为农业生产的主要场所和生态系统服务的重要提供者,其资源管理的有效性直接影响着整个区域的碳排放和碳吸收能力。本节首先将从农业用地的分布与效率、非农建设用地扩张的趋势等角度审视土地资源利用的实际情况,探讨这些因素如何影响乡村地区的碳足迹。随后,转向水资源管理,分析水资源分配的不均衡性、灌溉系统的可持续性问题,以及这些问题对生态系统服务和乡村社区的影响。此外,生态保护和生物多样性维护的现状也是我们关注的重点,这些方面的管理关系到乡村地区生态环境的健康,也是实现碳中和的关键因素。通过综合分析这些领域中存在的问题,本节旨在阐明乡村资源空间管理的必要性和紧迫性。既是为了应对当前的环境挑战,也是为了推动乡村地区在环境保护和可持续发展方面迈出更坚实的步伐,深刻地理解乡村资源空间管理的复杂性,为"碳乡融合"政策制定和实践提供参考与启示。

2.2.1　乡村土地资源利用现状

乡村土地资源的利用直接影响着区域的生态平衡、农业生产效率和社会经济发展。土地资源的管理和利用尤为重要,它们在实现碳中和目标的过程中扮演着关键角色。乡村的土地资源利用现状目前呈现出多重挑战,包括耕地面积的减少、农业用地效率不高、非农建设用地的扩张以及土地退化问题。

● 农业用地的分布与效率

随着人口增长和城市化进程的加快,农业用地分布面临巨大的挑战,总体呈现出农业用地压缩的趋势。据统计,中国耕地总面积在过去几十年中虽然有所波动,但总体呈现出下降趋势,对国家粮食安全保障构成了挑战。在农业用地效率方面,虽然农业生产取得了显著进步,但在资源利用效率、作物产量和可持续性方面仍存在差距。传统的农业生产模式和技术,特别是在水资源和化肥的使用上,存在着效率不高和过度消耗的问题。例如农业灌溉水利用效率低于发达国家,消耗了大量水资源,加剧了水土流失和土地退化。

● 非农建设用地扩张的趋势与影响

乡村面临非农建设用地扩张的压力。工业化和城镇化导致大量耕地被转为工业用地和住宅用地,这一趋势在许多乡村地区尤为明显。国家统计局数据显示,中国城镇化率从1978年的17.92%增长到2020年的约60%,这一转变直接导致大量农业用地转变为城市用地。在这一过程中,耕地面积不断减少,据报道,仅在2000年至2010年间,中国的耕地面积就减少了近800万 hm^2。非农建设用地扩张的环境影响是多方面的。首先,它导致了生物多样性的减少。自然生态系统被转变为城市和工业区,破坏了野生动植物的栖息地,打破了原有的生态平衡。其次,生态系统服务的损失同样严重。比如森林和湿地的减少降低了碳汇能力和水源涵养功能。此外,土地开发过程中的土壤挖掘、填埋和硬化,加剧了土壤侵蚀和污染问题。在碳排放方面,非农建设用地的扩张同样具有显著影响。建筑业是碳排放的主要来源之一,根据相关研究,建筑业在全球能源相关碳排放中的比重约为39%,由于大规模的城市化建设,这一数字可能更高。建筑过程中,从材料生产(尤其是水泥和钢铁)到施工和运输,每一个环节都伴随着大量的碳排放。此外,城市化带来的能源消费模式变化,例如交通和家庭能源消耗的增加,也直接增加了碳排放量。

因此,有效控制和规划非农建设用地对于乡村实现碳中和至关重要。需要严格的土地使用规划和环境影响评估,还需要采用绿色建筑和低碳城市规划的理念。鼓励使用节能材料、绿色建筑设计和公共交通系统,减少城市化进程中的碳足迹;提高城市规划的效率,避免无序扩张,保护重要的自然生态区域,也是减少环境影响和碳排放的关键措施;合理规划和绿色发展策略,平衡经济发展和环境保护的需求,将"绿水青山就是金山银山"的理论贯彻到底。

● 土地退化与生产力下降的问题

土地退化是中国乡村地区面临的关键环境问题。根据中国科学院的研究,中国有超过40%的土地遭受不同程度的侵蚀和退化。在北方干旱和半干旱区域这一问题尤其突出,其中水土流失和沙化是主要的土地退化形式。土地退化严重威胁着农业生产力,影响了生态系统的健康和土地的碳固存能力。

土地退化存在多方面原因:

(1)过度耕作和不合理的耕作方法导致土壤结构破坏,降低了土壤的保水和保肥能力。此外,化肥和农药的过量使用加剧了土壤的酸化和污染,影响了土壤生物的多样性和活性。来自农业农村部的数据,中国乡村化肥使用量在全球占比超过30%,远高于世界平均水平。

(2)水资源的不合理利用,特别是过度抽取地下水和不科学的灌溉方式,导致了土壤盐碱化。北方约有 1 亿 hm^2 的耕地面临不同程度的盐碱化问题。盐碱化减少了土地的农业价值,降低了土地的生态服务功能,如净化水质和固碳。

面对土地退化的严峻形势,综合性的土地管理策略和生态恢复措施至关重要。在政策层面,政府已经实施了一系列措施来应对土地退化。例如实施的"退耕还林"项目,自 2000 年以来,已经帮助恢复了超过 2 800 万 hm^2 的退化土地。政府推出了农田水利建设和土地整治项目,改善了灌溉系统和土地条件。在农业实践方面,推广轮作和休耕制度,减少化肥和农药的使用,改进耕作方式,是恢复土地肥力的有效途径。比如采用有机农业和覆盖作物技术,可以改善土壤质量,增加土壤有机质含量。实施生态农业和生物多样性保护措施,如保护和恢复自然生态区域,增加植被覆盖,都能有效防治水土流失和沙化。此外,农民的积极参与对于土地管理的改进至关重要。政府需要通过补贴、培训和技术支持等方式,鼓励农民采取可持续的土地管理实践。

2.2.2 水资源管理的挑战

水资源的管理直接关系到农业生产、生态保护和社区生活。中国作为一个有着庞大农业基础的国家,面临着严峻的水资源管理挑战。

● 水资源分配不均与污染问题

中国水资源的分布极不均衡,北方地区水资源稀缺,而南方地区相对丰富。据中国水利部的数据,北方地区约占中国陆地面积的 64%,但仅拥有全国约 19%的水资源。这种不均衡导致北方地区在农业灌溉、工业用水和生活用水方面面临巨大压力。水污染问题同样严重。由于工业废水、农业污水和生活污水的直接排放,许多河流和湖泊遭受严重污染。根据生态环境部发布的报告,超过一半的中国主要河流水质被评为中度到重度污染,严重影响了水资源的可用性,对生态系统和人类健康构成威胁。

● 灌溉系统的效率与可持续性

农业灌溉在中国水资源使用中占据主要部分,农业灌溉约占总用水量的 62%。然而,许多灌溉系统效率低下,大量水资源被浪费。传统的地面渠道灌溉和泛灌方式水利用效率低,导致大量水分蒸发和渗漏。为提高灌溉效率,政府推广了滴灌、喷灌等节水灌溉技术。这些技术能够将水直接输送到作物根部,减少水分损失。虽然节水灌溉技术的推广已经显著提高了农业用水效率,但是节水灌溉技术的普及和维护仍面临资金和技术的挑战,尤其在经济欠发达的乡村地区。

● 水土流失与生态系统服务损失

水土流失是中国许多地区面临的另一个严重问题。特别是在黄土高原等地区,由于不合理的土地利用和过度的农业活动,水土流失严重,土地质量下降,生态系统服务受损。据中国水利部的数据,全国水土流失面积达 1.5 亿 hm^2 以上,其中重度水土流失区占相当大的比例。水土流失严重降低了土地的农业生产力,导致了生物多样性的下降和生态系统功能的退化。

这些挑战需要全面的水资源管理策略,合理分配水资源、治理水污染、提升灌溉系统效率以及采取措施防治水土流失等手段必不可少。这些策略的实施构成了保障乡村地区的农业生产、维护生态系统的健康和提升地区生物多样性的屏障。在政府、企业和农民的共同努力下,在科技创新和社会资本的投入下,可以实现乡村地区水资源管理的优化,为乡村地区的碳中和贡献力量。

2.2.3　生态保护与生物多样性维护

乡村地区的生态保护和生物多样性维护是实现可持续发展的核心要素,对于维持生态平衡、促进环境健康以及增强农业生产力发挥着举足轻重的作用。

• 现存自然保护区的管理效果

中国已建立众多自然保护区,旨在保护生物多样性和生态环境。截至 2021 年,中国的自然保护区数量超过 11 800 个,总面积超过 1.7 亿 hm^2,约占国土面积的 18%。自然保护区在保存珍稀物种、维护生态系统服务方面发挥着关键作用。但保护区管理面临着资源分配不均、管理机制不完善以及与地方发展的利益冲突等多方面的挑战。一些保护区因旅游业发展和资源开采受到威胁,生物栖息地遭受破坏,影响了保护区的生态完整性。

• 乡村生物多样性的威胁与保护措施

乡村地区的生物多样性面临诸多威胁,体现在生境破坏、过度开发、污染以及气候变化等方面。农业活动的强度增加、非法野生动植物交易和城市化进程都对乡村地区的生物多样性构成了严重威胁。为应对这些挑战,政府采取了包括立法保护、生物多样性监测、物种恢复项目和生态教育在内的多种措施。例如通过《中华人民共和国野生动植物保护法》等法律法规,加强了对珍稀濒危物种的保护。

• 生态廊道与绿色基础设施的建设

生态廊道和绿色基础设施的建设是提升乡村地区生物多样性和生态系统服务功能的重要策略。生态廊道连接隔离的自然保护区和生态敏感区域,为动植物提供了迁徙和扩散的通道,增强了景观连通性。"生态保护红线"政策旨在划定并保护关键的生态区域,建立起生态网络。绿色基础设施,如城市绿地、湿地恢复和生态农田,为野生动植物提供了生存空间,提升了地区的生态服务能力,如空气净化、水源保护和碳固定。

2.2.4　碳汇与温室气体排放

在乡村地区实现碳中和的过程中,碳汇和温室气体排放的管理是核心议题,它关系到乡村对气候变化的适应与缓解措施,更是"碳乡融合"策略的关键。乡村作为重要的碳汇源,在碳循环中扮演着重要角色。根据《中国碳汇报告》,中国森林碳汇量已从 2005 年的 7.8 亿 t 碳增加到 2014 年的 9.2 亿 t 碳,显示出乡村地区在碳吸收方面的巨大潜力。长期以来,政府在森林恢复、退耕还林和植树造林等方面作出积极努力,然而,由于城市化、工业化的推进和农业活动的影响,乡村地区的碳汇能力也面临诸多挑战。

• 土地利用变化

城市化进程中,大量土地从森林、草地或湿地转变为建筑和工业用地,导致原本的碳汇如森林和湿地面积减小,减弱了乡村生态系统的碳储存和吸收能力。

● **工业排放**

工业化带来的工业排放,尤其是温室气体的排放量增加,对气候变化造成加剧影响,同时污染可能对乡村地区的自然生态系统造成负面影响,降低其固碳能力。

● **农业活动影响**

过度耕作、过量使用化肥和农药等不可持续的农业实践破坏了土壤结构,减少土壤有机质含量,导致土地退化和生态系统服务能力下降,降低土地的碳固存能力。

● **生物多样性丧失**

由于自然栖息地的破坏、生态环境污染等因素,乡村的生物多样性面临下降的风险,这不利于维持生态平衡,影响生态系统的碳循环和储存功能。

● **气候变化影响**

气候变化导致的极端天气事件增多,如旱灾、洪水等,破坏了乡村地区的自然生态系统,影响了其碳汇功能。

农业活动是乡村地区温室气体排放的主要来源之一。根据《中国农业温室气体排放报告》,中国农业温室气体排放占全国温室气体总排放的 17% 左右。主要来源包括农田土壤排放(如氮肥使用导致的 N_2O 排放)、畜牧业(甲烷排放)和水稻种植(甲烷排放)。中国是世界上最大的化肥消费国,化肥的过量使用导致了土壤和水体污染,也加剧了温室气体的排放。

● **林业活动对碳汇的贡献与挑战**

林业活动在乡村地区的碳汇建设中扮演着关键角色,政府通过实施大规模的森林保护和恢复项目(如天然林保护工程、退耕还林工程)显著提升了森林覆盖率。据国家林业和草原局的数据,截至 2020 年,中国的森林覆盖率已提高到 24.9%,森林蓄积量达到 174 亿 m^3。但林业活动也面临诸多挑战,一方面受林火、病虫害和气候变化等自然因素的挑战,另一方面是来自于人为因素如非法砍伐、生态环境保护、经济利益冲突等的挑战更加严峻。同时,森林生态系统的管理和恢复工作需要大量的资金投入和技术支持,使得林业蓄碳的能力充满挑战。

乡村地区在碳汇建设和温室气体排放控制方面具有重要的潜力和挑战。有效管理这些问题对实现碳中和目标重要且紧迫,需要在政策引导、技术创新、公众参与和国际合作,推动乡村地区在碳汇增加和温室气体减排方面取得更大的进步。同时也需要注意平衡经济发展与生态环境保护的关系,确保乡村地区的可持续发展。通过这些综合措施,乡村地区可以有效地贡献于全球的碳中和目标,实现经济、社会和生态的和谐发展。

2.2.5 资源管理中的社会经济因素

乡村地区的资源管理不仅是一个生态问题,也受到社会经济因素的深刻影响,资源消耗和管理方式与居民的生活方式、生产活动和经济发展目标紧密相关。

乡村居民生活方式的改变对资源消耗有直接影响。随着生活水平的提高,居民对于水、能源、食品和其他资源的需求增长。近些年来,居民对电器和汽车的需求增加,直接导致能源消耗增长。据国家统计局数据,乡村居民家庭的人均能源消耗在过去 20 年中显著增加。随着饮食习惯的改变,对肉类和乳制品的需求增长也推动了农业生产向更高能源消耗的方向发展。

　　乡村地区的生产活动对资源空间产生了显著影响。农业是乡村地区最重要的经济活动,它直接关联到土地和水资源的利用。随着农业的现代化和强化,农业生产对水资源的需求增加,导致了化肥和农药的过度使用,进而影响土壤和水质。中国农业的化肥使用量居世界首位,导致土壤结构破坏和水体富营养化。另外,非农产业,如乡村旅游和小规模工业都对乡村地区的资源空间造成压力。

　　因此,乡村地区的经济发展与资源可持续利用之间存在显著矛盾。一方面,经济发展带来了对资源的大量需求,如土地用于工业和住宅建设、水资源用于生产和生活、能源用于各种经济活动。另一方面,资源的过度开发和不可持续利用导致生态环境遭受破坏,影响长期的经济发展。为了追求经济收益,一些乡村过度开采地下水和过度使用农药、化肥,导致了水资源枯竭和土壤退化。这种短期经济利益与长期生态可持续性之间的矛盾,是乡村地区面临的一个重要挑战。

　　当然,乡村地区的资源管理是一个复杂的社会经济问题。居民生活方式的改变、乡村生产活动和经济发展目标与资源的可持续利用存在紧密联系。要实现资源管理的可持续性,需要综合考虑社会、经济和生态的因素,平衡短期经济发展和长期生态健康之间的关系。这不仅需要政策引导和法规制定,还需要公众教育、技术创新和社会各界的参与。

2.2.6　乡村资源空间管理的必要性与紧迫性

　　综合上述分析,乡村资源空间的有效管理在当前环境下不仅是必要的,而且更具有紧迫性。它涉及多个层面的问题,包括实现碳中和的目标、管理不善造成的环境与经济双重风险、资源空间管理优化的战略意义。

● 碳中和目标对资源空间管理的新要求

　　3060 的"双碳"目标对乡村资源空间管理提出了更新、更高的要求。乡村必须在继续推动经济增长的同时,大幅减少温室气体排放并增加碳汇。这一目标的实现,对于土地利用策略、农业生产方式、水资源管理以及生态保护等方面都提出了全新的挑战和标准。具体来说,第一,需要在土地利用上进行根本性的改革,包括优化农作物种植模式、减少耕地的开发强度、增加森林和草地等生态系统的覆盖面积。第二,在农业生产中推广低碳技术和实践,如精准农业、生态农业和有机耕作,减少化肥和农药的使用,在提高作物产出的同时降低其对环境的影响。此外,在水资源管理方面,需要实施更加有效的水资源保存和利用策略,如提高灌溉效率和促进水循环利用。实现这些目标需要乡村地区在资源管理上进行深刻的结构调整和技术革新,需要政府层面的政策支持和指导,需要地方政府和社区的积极参与,以及涉农企业和民众的共同努力。

● 管理不善带来的环境与经济双重风险

　　不善的资源管理会对乡村地区造成深远的环境和经济影响,带来一系列的问题和挑战。从环境角度来看,不合理的土地利用、过度的资源开采和环境污染等问题直接导致生态系统的破坏。例如,随意的土地开发和森林砍伐导致生物栖息地丧失,削弱了地区的碳汇功能和生态系统的自然平衡。生物多样性的丧失进一步影响了生态系统的健康和稳定性,减少了对气候变化的自然适应能力。

同样,不合理的农业灌溉和化肥使用导致了水资源的短缺和水体的污染。过度使用地下水资源的灌溉方式,导致了水位下降和土地沙化,严重威胁了农业的可持续性。同时,过量施用化肥和农药破坏了土壤的自然结构和生物多样性,导致了地下水和邻近水体的污染,影响了人类和动植物的健康。

从经济角度来看,资源的过度消耗削弱了乡村地区的长期生产力。农业生产效率的下降导致农业收益减少,影响了农民的生活质量,更有可能导致乡村地区的经济发展滞后。随着资源短缺和生态环境恶化,乡村地区的投资吸引力下降,进一步加剧了经济困境,形成了恶性循环。

资源管理不善还增加了贫困和社会不稳定的风险。资源枯竭和生态环境恶化直接影响了乡村居民的生计和收入来源,增加了他们面临的生存挑战。这种情况在一定程度上促使乡村居民迁移至城市,加剧了城乡差距和社会不平等问题。

● 推进乡村资源空间管理优化的战略意义

优化乡村资源空间管理不仅是一项务实的任务,更是一场战略性的远见。它涉及如何在保护赖以生存的自然环境的同时,促进乡村地区的经济和社会发展。优化过程的意义远远超出了简单的环境保护范畴,它是实现可持续发展、生态文明建设和长期繁荣的关键。

(1)在全球变暖和环境恶化的背景下,乡村作为重要的碳汇和生物多样性的守护者,其资源管理方式直接影响着全球的生态平衡。通过科学的管理,可以有效增加碳汇,减少温室气体排放,为全球应对气候变化作出贡献。资源空间管理的优化对保护乡村地区的生物多样性至关重要。生物多样性不仅是地球生命的宝库,也是乡村地区生态系统健康和稳定的基石。通过合理规划土地使用、保护自然环境、恢复生态系统,可以保护和增加乡村地区的物种多样性,维持生态平衡。

(2)优化资源管理能够提高农业生产效率和可持续性。实施可持续的农业实践,如精准农业、有机耕作和节水灌溉,有助于节约资源和保护环境,提高农产品的质量和价值,增加农民的收入。对农民福祉有直接益处,为乡村地区的经济发展开辟新的道路。

(3)优化资源空间管理有助于提升乡村居民的生活质量。通过保护水源、改善土地质量和提高空气质量,可以为乡村居民提供更加健康和舒适的生活环境。同时,促进生态旅游和绿色产业的发展,也为乡村地区创造新的就业机会和经济收入来源。

2.3 碳乡融合的概念与内在机制

在取得全面胜利的脱贫攻坚战之后,乡村振兴战略和农业农村现代化建设迎来了新的发展阶段。这是乡村发展的机遇,也是实现"双碳"目标的关键时刻,"碳乡融合"概念在两大战略的布局下应运而生,成为实现乡村可持续发展和碳中和目标的关键策略。本节将探讨如何在这个新的历史背景下,抓住乡村振兴的关键点,填补现有缺口,探索适合乡村的绿色发展道路以及"碳乡融合"的深层内涵,揭示其背后的机制和实践策略,并分析其在全球和国内环境政策中的战略意义。

2.3.1　碳乡融合的背景

• 乡村中的碳中和

乡村是重要的温室气体排放源,农业农村温室气体排放占比约达全国排放总量的15%。

2020年我国农业活动碳排放约8.2亿t二氧化碳当量,占全国碳排放总量的7%。然而乡村地区也具有巨大的新能源发展潜力,尤其是在风能、太阳能、生物质能等方面。中国陆地生态系统的年固碳量高达11.1亿t,等同于40.74亿t二氧化碳,数据突显了乡村陆地生态系统的重要碳汇功能。因此,乡村地区的广阔土地能够为新能源的开发提供空间,还能通过其碳汇能力促进生态环境的改善,将新能源发展与乡村振兴相结合,进一步促进新能源的实践探索与研发,高效推动乡村的高质量发展。

• 碳中和中的乡村

碳中和对乡村地区来说既是一项新挑战,也是发展新机遇。随着国民生活水平的提升,乡村地区生产生活用能需求不断增长,给实现农业农村碳达峰碳中和带来了巨大压力。当然,机遇与挑战共生,碳中和驱动着新能源和生态碳汇等绿色产业的发展,为乡村带来了经济增长和就业机会,推动了乡村振兴,也是实现生态文明建设的重要途径。国家层面对此作出了战略部署,将碳达峰碳中和纳入生态文明建设整体布局,体现了"绿水青山就是金山银山"的发展理念,为乡村发展提供了新的发展方向,成为乡村生态文明建设的新抓手。依据党中央作出的这一重大战略决策,乡村地区需要通过提升能源使用效率、发展可再生能源和推广低碳技术,实现从传统农业向现代生态农业的转型,提高农村地区的经济竞争力和生态可持续性,为全面实现碳中和目标作出积极贡献。

• 碳中和与乡村振兴两大战略的结合势不可挡

碳中和与乡村振兴两大战略的结合在中国正变得日益显著,势不可挡。2021年见证了多项重要举措和发展,彰显了这一结合的动力和范围。华南理工大学乡村振兴与发展研究院首次提出了"碳中和新乡村"概念,探索将光伏技术与农房改造结合的新模式。茂名市政府与学术及企业界联合推动了这一概念的具体实施。全国两会上,赵立欣代表提出了加强农业农村碳达峰碳中和的政策建议,促进了法律法规的制定和科技支撑的加强。金融领域也响应这一趋势,恒丰银行推出了与碳中和、乡村振兴相关的金融产品。此外,全国范围内的分布式光伏建设试点和相关政策的发布,以及"中国碳中和乡村"白皮书的推出,进一步证实了乡村地区在实现碳中和目标中的关键作用。中共中央和国务院提出的"1+N"政策体系,旨在促进农业、工业和服务业的绿色低碳转型,强调了碳汇能力的提升和城乡建设的绿色发展。这些举措共同描绘了一个整合碳中和与乡村振兴的全面战略图景,既强调了经济发展,又注重生态保护,体现了可持续发展的核心原则。

随着中国在碳中和领域取得的显著进展,现在转向"碳乡融合"这一深刻且紧迫的议题。这一概念的本质是乡村振兴与碳中和战略的融合,代表着向更可持续、绿色的未来迈进的关键一步。接下来将深入探讨这一创新概念的内涵、优越性、目标愿景、意义以及如何在乡村地区实施的理论框架,以实现环境和经济的协调发展。

2.3.2 碳乡融合的概念

碳乡融合:碳—碳中和、乡—乡村振兴、融—跨界交融、合—合作共赢。

"碳乡融合"是一种全新的可持续发展模式,旨在实现碳中和和乡村振兴两大国家战略目标。这一概念将"碳"的减排和碳汇增加目标与"乡"的振兴发展紧密结合,通过跨界交融("融")和合作共赢("合")的策略,促进政策、资金、管理、产业和效益的综合发展。以乡村资源空间为核心,"碳乡融合"通过推广乡村的绿色清洁能源、应用生态固碳和减排增汇技术,创新乡村低碳产业模式,助力乡村在能源转型、碳汇创收方面取得成效,促进共同富裕,标志乡村地区走向一个更绿色、更高效、更和谐的未来。

"碳乡融合"的概念不仅是一种政策倡议,它是对乡村振兴与碳中和战略的深度解读和创新实践。该概念深刻理解了乡村作为碳汇的自然优势和农业活动中碳排放的挑战,力图在乡村资源的管理和利用上实现革命性的转变。它倡导的不单是环境保护和经济增长的平衡,更是社会、经济和生态系统的全面可持续发展。通过促进绿色能源、生态保护和低碳技术的融合发展,"碳乡融合"旨在打造一个既繁荣又生态的乡村新未来。

"碳乡融合"也是对当前环境和发展挑战的一种创新回应,充分展示了环境保护与经济发展可以并行不悖的可能性。它强调了乡村作为碳汇的天然优势,提出了通过利用这一优势来推动乡村振兴的路径。它不仅关注碳减排,还强调乡村经济的可持续性和社区的共同富裕,体现了全面且平衡的发展思路。当然它的实践执行需要克服政策、技术和资金等方面的挑战,需要多方面的合作和创新。

2.3.3 "碳乡融合"的优越性

● **机制创新的优越性——全方位、全产业、全周期融合发展**

"碳乡融合"模式展现了机制创新的显著优势,通过全方位、全产业、全周期的融合发展,实现了乡村振兴和碳中和战略的深度整合。模式覆盖了乡村生产、生活以及与碳中和相关的各个产业,涉及政策、管理、金融、产业和效益五大领域。它通过统筹顶层设计、管理、资金、建设和运营等全周期过程,有效地将乡村振兴与碳中和目标相结合,促进了经济、环境效益和社会效益的协同提升,标志着对现有乡村发展模式的重大创新。

● **产业融合的优越性——绿色低碳、高附加值产业发展**

"碳乡融合"模式关注新能源的转型,如太阳能和风能的利用,也致力于农业领域的碳减排和生态固碳措施。通过这种全面的方法,"碳乡融合"覆盖了乡村生活的各个方面,为农业农村现代化开辟了新的道路。这种转型满足了现代化农业建设中的能源需求,促进了乡村经济向绿色低碳、高附加值方向的发展,提高了乡村地区的经济竞争力和可持续性。

● **效益转化的优越性——生态价值转化**

"碳乡融合"模式的效益转化优越性在于其能够将乡村地区的生态价值转化为经济收益。利用乡村的生态环境优势,通过实施林业固碳和农业固碳等生态固碳措施,有效增加了农村地区的碳汇储量,促进了生态环境的保护,为农民提供了新的收入来源。通过这种方式,"碳乡融合"模式实现了生态价值的经济化,既助力了乡村地区的生态文明建设,又促进了社区的经济发展和共同富裕。

2.3.4 “碳乡融合”的目标愿景

● 推动乡村绿色经济持续发展，全面实现乡村振兴

“碳乡融合”的目标愿景之一是推动乡村绿色经济的持续发展，以实现乡村振兴。它着力于将乡村经济转型为更可持续、环境友好型的模式，通过发展绿色农业、生态旅游、可再生能源等行业，促进农村地区的经济增长和社会进步。还包括增强乡村地区的基础设施，改善居民的生活质量，以及提升教育和卫生水平。通过这些措施，乡村可以在经济上独立自主，也在社会和环境方面实现可持续发展，全面促进乡村振兴。

● 促进乡村减碳增汇产业发展，加快实现乡村碳中和

“碳乡融合”的核心目标之一是促进乡村减碳增汇产业的发展，以加快实现乡村碳中和。这个目标的实现依赖于在乡村地区推广可持续农业实践、高效能源使用以及生态恢复项目。以这些措施，减少乡村地区自身的碳排放，增加碳汇，即自然环境吸收和存储二氧化碳的能力。这一过程不仅涉及技术和管理的创新，还需要政策支持和资金投入，以确保乡村地区的可持续发展和环境保护，奠定乡村长期繁荣的基础。

● 实现“农村包围城市”战略，助力全国实现碳中和

“碳乡融合”的目标愿景是通过实现“农村包围城市”战略，助力全国实现碳中和。“碳乡融合”旨在将农村地区的绿色生态资源、农产品种植和生产制造与城市的高新技术、数字化生活以及绿色消费需求紧密结合，实现农城融合发展，推动城乡一体化发展。在这一愿景下，农村地区将成为绿色生态资源的重要生产和供给基地，提高农产品的质量和品牌效应，打造绿色农业产业链；而城市将成为绿色消费需求的引领者，促进绿色科技创新和数字化产业发展。实现城乡资源共享、互补发展，以实现碳中和为目标。通过加强农村地区的生态保护和修复，推动农业生产、加工与制造向绿色、低碳、循环发展方向转变，降低碳排放；同时，城市将加大绿色技术研发和应用，优化能源结构和交通方式，提高能源利用效率和减少碳排放，从而协同推动全国碳中和目标的实现。“碳乡融合”还将促进农民增收致富、改善乡村环境和提高农产品质量，提高农民生活幸福感，实现城乡居民的共同富裕。同时，由于农业和农村地区在全国温室气体排放总量中所占比例较大，“碳乡融合”的目标愿景也将在全国范围内发挥重要的示范引领作用，为其他地区提供借鉴和参考，加速全国碳中和目标的实现。

2.3.5 “碳乡融合”的意义

● 助力乡村实现能源低碳清洁转型

农村能源是农业农村发展的物质基础。在碳达峰碳中和“双碳”目标要求下，“碳乡融合”模式充分利用农村丰富的太阳能、风能等资源，有助于实现农村能源清洁高效利用以及能源清洁化转型。

● 促进乡村生产生活方式绿色转型

为应对乡村生产生活引起的碳排放，“碳乡融合”模式结合乡村发展现状，通过发展节约型农业、农业废弃物资源化利用等手段减少乡村碳排放源；同时通过改善农业管理和

植树造林,实现碳汇增量、生态资源良性循环,加快现代低碳乡村构建。

●加速乡村产业绿色低碳循环转型

"碳乡融合"模式通过发展清洁能源,带动集体产业经济发展,促进村民就业,拓宽农民收入渠道,有效地将乡村生态价值转换为GDP。结合农光、渔光等新能源模式,构建乡村新型绿色产业,实现乡村产业绿色低碳循环转型。

●推进乡村振兴和碳中和两大策略落实

"碳乡融合"模式的发展,有利于乡村早日实现碳中和,助推中国早日实现2060年前碳中和目标。在广大农村推行"碳乡融合"模式,是贯彻落实国家碳达峰战略,推进乡村风貌提升、推动绿色低碳循环发展、引入社会力量推动乡村振兴的有益探索。

●引领乡村生态文明建设与环境治理

"碳乡融合"模式以发展新能源、生态固碳等为主,实现"零排放、零污染"为目标。"新能源 + 新农村"模式将有力推动农业农村发展,改善农村居住环境,以山水林田湖草生命共同体理念引领生态保护和修复,通过增加森林、草地、湿地、农作物等碳汇方式,降低温室气体存量和控制增量。

2.4 碳乡融合的理论框架

农业农村碳达峰碳中和积极赋能乡村振兴,建设"碳中和新乡村",不仅是践行习近平生态文明思想的重要内容,更是"双碳"目标下实现乡村振兴的必然结果。然而,农业农村还存在高排放燃料占比过高、清洁能源使用率极低、碳达峰碳中和行动落实难度大等亟待解决的问题。在"碳源减排,碳汇增量"的总体思路下,荒漠生态治理型、山区森林碳汇型、绿色能源发展型、现代农业减碳型乡村应着重推进"两减+两增+N举措"的建设模式,构建碳中和家园、碳中和田园、碳中和公园、碳中和林地"三园一地"的全域乡村碳中和场景,协同顶层政策、资金统筹、产业融合等多渠道耦合,探索有效融合、提高价值增量的创新路径,打造全要素振兴的绿色乡村。

2.4.1 总体设计: 1+1 = 5+N 多元融合、相互促进、形成合力

总体设计概括为"1+1 = 5+N 多元融合、相互促进、形成合力",如图2-1所示,两个"1"分别为碳中和乡村振兴,"5"为多元融合的五大融合,分别是政策、管理、资金、产业和效益的多维度融合,实现环境和经济的双赢。以下是五大融合的详细讨论。

2.4.1.1 政策融合

(1)加强顶层设计,密切部门协作,规避"政出多门",实现优势互补。

为规避"政出多门"的问题,需要加强顶层设计,确保各相关部门之间的密切协作和信息共享。不同政府部门间的政策和计划应相互补充、协调一致,实现资源共享和优势互补。例如,环保、农业、能源和经济发展等部门需共同参与制定和实施相关政策,确保碳乡融合战略的综合性和有效性

(2)创新政策体系,突出绿色、低碳的"政策系统集成",形成政策合力,实现强强联手。

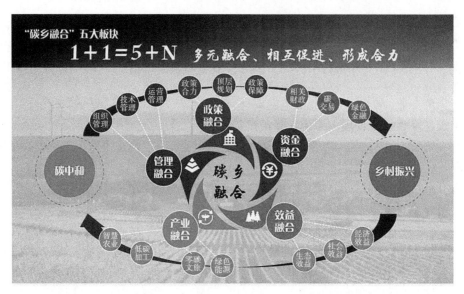

图 2-1　"碳乡融合"总体设计示意图

创新政策体系以绿色和低碳为核心,通过"政策系统集成"突出这一理念,形成政策合力。这需要跨领域的政策创新,比如将环境保护、可持续发展和农村振兴的政策有机结合,以实现资源的最优配置和利用。政策的融合应致力于推动绿色技术的研发和应用,鼓励可持续的生产方式,实现经济增长与环境保护的双赢。

(3)发挥地方政府在碳乡融合政策执行中的主动性,实现上下联动。

地方政府在实施碳乡融合政策中扮演着关键角色。地方政府需积极主动地参与到政策执行中,根据本地实际情况制定和调整策略。同时,中央政府与地方政府之间的有效沟通和协调至关重要,确保政策的顺利实施和地方需求的满足,形成自上而下和自下而上的双向互动机制。

(4)强化政策保障,建立科学有效的碳乡融合政策评估体系,推动高效实施。

为确保碳乡融合战略的高效实施,必须强化政策保障并建立一个科学有效的评估体系。这个评估体系应当包括对政策影响的监测、分析和反馈,以便及时调整和优化政策。政策评估不仅关注经济效益,也需兼顾社会效益和环境效益,确保碳乡融合战略的全面和持续发展。

2.4.1.2　管理融合

组织管理:形成集金融、监测、推广等于一体的碳乡融合组织体系,如碳金融融资平台(银行、绿色基金)、碳权交易平台(全国碳排放交易系统)、碳资产核算相关组织、碳中和宣传培训组织。

技术管理:形成成熟可复制推广的乡村减碳增汇技术路线——集新能源建设、气候性智慧农业、生态碳汇开发等于一体的综合技术网络及产品生产管理标准……

运营管理:形成可盈利的市场化碳乡融合推广模式,打造碳乡融合的示范基地,开展乡村产业品牌规划与升级。

2.4.1.3　资金融合

测算结果表明,2021—2060 年,我国绿色投资年均缺口约 3.84 万亿元,其中,2021—

2030 年平均缺口约 2.7 万亿元,2031—2060 年平均缺口约 4.1 万亿元,碳达峰以后资金缺口呈现明显扩大趋势。资金融合可以采取以下主要措施:

措施一:成立绿色投资机构,撬动社会资本

绿色投资机构主要是指由国家或地方政府设立的绿色银行和绿色基金,其以应对气候变化和环境保护、促进本国或地区绿色产业发展为主要目的,运作模式以发放贷款和提供担保为主。

措施二:"财政资金+激励机制"撬动社会资本投资

政府投入相对较少的财政资金,通过贴息和担保的方式为社会资本投资提供激励机制,放大财政资金杠杆。

措施三:均衡利用各类资本工具,进一步加大股权投资力度

根据中金研究院对绿色投资需求结构的预测,2031—2060 年信贷的比例为 60%,股权投资的比例为 30%,但当前(2018—2020 年)的绿色投资资本工具中,信贷独大,占比达到 90%,而股权投资占比仅 3%。这充分说明,碳中和资本结构有待优化,需要均衡利用各类资本工具,特别是进一步加大股权投资力度。

措施四:碳中和融资,成立"碳乡融合"专项资金

● 绿色信贷

银行类金融机构主要包括政策性银行、商业银行和村镇银行。这些机构为正确处理金融业与可持续发展的关系而采取的信贷行为被定义为"绿色信贷"。

适宜范围:研发和生产治污设施、从事生态保护与建设、开发和利用新能源、从事循环经济生产和绿色制造以及生态农业的企业或机构。

● 绿色基金

在全球产业发展和技术创新格局内,基金用于创新技术投资、技术企业孵化和产业化加速,并通过并购、IPO 等方式退出获得收益的模式已经相当成熟。

适宜范围:污染治理、生态修复和国土空间绿化、能源资源节约利用、绿色交通和清洁能源等领域。

● 融资租赁

融资租赁是指出租人购买承租人所选定的租赁物件,为后者提供融资服务,随后以收取租金为条件,将该物件长期出租给该承租人使用的融资模式。融资租赁以租赁为表象,以融资为实质。

适宜范围:生活垃圾焚烧和光伏电站项目。

● 绿色供应链金融

绿色供应链金融同时融合了绿色供应链、供应链金融以及绿色金融的理念,在融资要求上更加注重环境保护,达到绿色效益和经济效益共赢的目标。

适宜范围:政府绿色采购、核心企业采购。

● 知识产权质押

知识产权质押融资是知识产权权利人将其合法有效的专利权、注册商标权、著作权等知识产权出质,从银行等金融机构取得资金的一种融资方式。

● 绿色资产证券化

绿色资产证券化是指主营业务属于绿色产业领域的,(或有)原始权益人发起的基础资产的未来现金流来源于绿色发展项目,或是募集资金投向绿色发展领域的一种结构化融资工具,是绿色金融与资产证券化的有机结合。

● 碳排放权(抵)质押融资

碳排放权(抵)质押融资是国内碳金融领域较为常见的产品,该模式指控排企业将碳排放权作为(抵)质押物进行融资。

措施五:金融创新

资产业务端:碳普惠、碳排放权(抵)质押贷款、碳保理融资、碳收益支持票据等。

中间业务端:创新碳交易投资顾问、碳资产管理等。

负债业务端:"碳中和、乡村振兴"双贴标债券、碳中和主体券、碳项目收益债、碳中和借记卡。

信用卡:发行低碳主体信用卡,为个人客户提供新能源汽车贷款、绿色住房信贷。

2.4.1.4　产业融合

"产业融合"在碳乡融合策略中指的是将低碳发展的理念融入乡村产业,通过优化产业结构、推广绿色技术和创新商业模式来减少碳排放,同时促进乡村经济的发展。"产业融合"侧重于以下几个方面:

(1)传统产业的绿色升级:将现有的传统产业如农业、林业、畜牧业等向更加环境友好和资源节约的方向转型。例如,在农业中推行有机耕作、在林业中推广森林可持续管理等。

(2)新兴产业的培育:发展与碳中和相关的新兴产业,如清洁能源产业(太阳能、风能)、生物质能源利用、生态旅游和绿色服务业。

(3)产业多元化:鼓励乡村地区发展多元化的经济活动,减少对单一经济来源的依赖。这包括推动农产品加工、特色手工艺品制作、乡村旅游等多元化产业。

(4)产业链的本地化:通过建立本地生产和消费的闭环系统,如本地食品供应链和乡村合作社,减少产品运输过程中的碳排放。

(5)产业间的协同合作:鼓励不同产业间的合作,如农业与旅游业的结合,农业废弃物用于生物能源生产,以实现资源共享和循环利用。

(6)产业发展与环境保护的平衡:在推动乡村产业发展的同时,保护和恢复乡村的自然环境,确保经济活动不会破坏生态系统。

在实施产业融合策略时,需要考虑地方特色和资源优势,采用适合当地实际的发展模式。同时,政策支持、资金投入和科技创新也是确保产业融合成功的关键因素。通过这些措施,乡村地区能够在实现碳中和的同时,促进经济增长和社会发展,实现经济、环境双赢的局面。

2.4.1.5　效益融合

效益融合是指将碳减排与经济增长相结合,实现环境保护与经济效益的双重提升。

(1)提升农业生产效益:通过采用节能减排技术和改进农业实践,提高作物产量的同时降低单位产品的碳排放。例如,利用精准农业技术确保资源的高效利用,减少化肥和农药的过度施用,这不仅提升了土地的生产效益,还减小了农业对环境的压力。

(2)发展绿色产业链:鼓励乡村地区发展低碳产业,如可再生能源、生态旅游和绿色食品加工,这些产业链的扩展不仅带来经济利益,还有助于减少整体的碳排放。

(3)创新商业模式:探索与低碳发展相适应的新型商业模式,如共享经济、循环经济和生态经济。这些模式通过优化资源配置和循环利用,既提高了资源使用效率,也创造了经济价值。

(4)构建生态补偿机制:通过建立生态补偿机制,为乡村地区在生态保护和环境管理上的努力提供经济激励。例如,对于采取有效措施保护森林和湿地的乡村地区,通过政府补贴或碳交易市场进行奖励。

(5)促进技术和资本流动:加强技术支持和资本投入,特别是在绿色技术和低碳技术方面,以推动乡村地区碳减排项目的实施和效益最大化。

效益融合不仅为当地居民带来经济上实实在在的利益,还增强了碳减排措施的吸引力和实施的可行性,确保了乡村振兴和碳中和目标的同步推进。

五大融合策略形成合力,构成了相互支持、相互促进的系统。以这一系统性的方法,乡村在碳减排和生态环境保护方面将取得实质性进展,也将带来经济发展和社会福祉的提升。五大融合策略在理论上为乡村可持续发展提供了新的视角,在实践中也为其他地区提供了可借鉴的模式。未来,五大融合策略将继续引导乡村地区在实现碳中和目标的道路上稳步前行,为全球气候治理贡献中国智慧和中国方案。

2.4.2 总体思路:碳源减排,碳汇增量

2.4.2.1 乡村农业减碳

农业与乡村领域蕴含着巨大的减排潜力和减排需求。在推进碳达峰碳中和过程中,形成农业发展与资源环境承载力相匹配、与生产生活条件相协调的总体布局,降低农业农村生产生活温室气体排放强度,让低碳产业成为乡村振兴新的经济增长点,促进无人机、传感器和大数据分析等农业科技化、现代化建设,助其变得更有效率,同时对环境更加友好。

2.4.2.2 乡村生活减碳

乡村居民衣食住行等生活领域节能减碳空间巨大,降低乡村居民生活消费碳排放总量与占比是"碳中和"行动的重要一环,主要途径包括使用新能源汽车(终端消费电气化)以及低能耗智能家居产品。此外,垃圾分类,对可回收、有价值的材料进行再利用,通过循环经济从居民消费端上助力节能减排。

2.4.2.3 乡村生态固碳增汇

大部分乡村生态本底较好,草地、森林等主体固碳作用明显,通过开发林、草、土、水等碳汇产品,产生直接经济收益,通过完善的碳汇监测体系、建立碳汇交易平台、加强碳汇技术研发,实现乡村生态碳汇能力提升。

2.4.3 "两增、两减、N 举措"

● **"两减"**为减少农业碳排放和减少乡村生活碳排放,从"碳源"侧端进行乡村碳排放总量的减少。

（1）农业减碳：对灌溉、增氧等农业设备进行"油改电"技术改造，对柴油机等机械设备实施清洁电能替代传统高耗能油煤，减排降耗省钱省力；推行复式作业、缩减农业机械的小田地操作、使用无人机播撒、开发农业设备节能减排技术；推广测土施肥、复合农业技术、农业废弃物综合利用技术、有机农业产业、渔船节能技术等农业低碳化技术；建立施用缓释肥、节水灌溉、节肥节药技术等节能型高产种植制度；在农业管理措施方面，以秸秆还田、有机肥施用、人工种草等途径来贯彻保护性耕作生态理念。

（2）乡村生活减碳：分解为公共照明系统、水环境系统、废弃物处置系统、乡村绿化系统、住宅设计系统、住宅节能系统、交通出行系统、道路低碳化设计等八个部分来作为乡村生活减碳技术的规划导则。

• **"两增"**即增加新能源技术、增加生态碳汇，从"碳汇"侧端提高乡村固碳水平的增量。

（1）增加新能源技术。包括地热泵技术（环保型空调系统）；渔光模式（渔业光伏互补），在渔业养殖上装办光伏发电板，在光伏发电板下方进行养殖工作；屋顶分布式（光屋模式），地面集中式（农光模式）；中小型风力发电技术；生物质能利用技术：热化学转换技术（制取木炭焦油和可燃气体）、生物转换技术（制取木炭沼气、酒精等）、生物化学转换法（炉灶燃烧技术、锅炉燃烧技术、致密成型技术、垃圾焚烧技术）；能源基础设施：智能微电网技术、新能源并网技术、储能技术。值得推广的有生物质能利用技术——二代生物柴油（HVO），原料全部来自于酸化油、地沟油等废弃生物质，从原料、生产到销售环节全部通过 ISCC 认证，碳减排率可达 85% 以上。

（2）增加生态碳汇技术。增汇是农业助力碳中和的重点所在，不仅为农业农村自身增汇，还能为整个社会经济碳排放的抵消作出贡献。主要技术措施有：

农业固碳：改善农业管理（保护耕作、秸秆还田、草畜平衡）；发展循环农业，通过种养循环、农牧结合、农林结合等方式途径，既能充分利用农业资源，又能实现区域内资源利用、价值生成和生态循环减碳；推广生物碳；推广涂层种子，将碳安全地储存在土壤中，促进土壤健康和作物产量。

湿地土壤固碳：目前，我国盐沼湿地、红树林和海草床的碳埋藏量分别为 11.6 TgC/a、0.06 TgC/a 和 0.03 TgC/a，约为 0.04 $PgCO_2$/a，每年可抵消我国 CO_2 排放量的 0.4%。开发湿地碳存储技术，开展蓝碳行动，构建盐沼、红树林、海草床固碳增汇新模式。

林草固碳：增加碳汇林，发展林下经济，退耕还林；林草复合、灌草结合、草田轮作等，增加牧草产量，提高草地生态系统固碳能力。

碳汇交易平台：建立地方碳汇交易平台和全国碳汇交易平台。

碳汇技术研发：启动造林碳汇开发试点，加强林业碳汇基础技术研究。

碳汇监测体系：建设规范的林业碳汇计量监测体系，展开林业碳汇计量监测成果报告。

2.4.4 建设类型

综合各省份的地理地貌、经济状况、农业发展水平等因素，将碳中和乡村分为四个类型：荒漠生态治理型、山区森林碳汇型、绿色能源发展型、现代农业减碳型。

2.4.4.1 荒漠生态治理型

该类型适用于西北、华北土地盐碱化、荒漠化较为严重的乡村空间。主要措施是通过禁牧封育、植树造林等修复手段，打造荒漠绿洲，实现生态治沙，科学固碳。在该类乡村空间划出"荒漠生态治理区"和"荒漠生态光伏产业区"，以机械化、自动化的植树造林模式开展荒漠植被恢复和重建，以新型荒漠生态光伏产业模式，实现政企搭台、企业受益、农民增收、生态优化，促进乡村减碳增汇。如蒙西库布齐推行碳中和乡村振兴行动，持续实施生态修复，治理沙漠 6 000 多 km^2，创造生态财富 5 000 多亿元，使绿化率由之前的 3% 上升为 53%，累计创造林业碳汇量 2 000 多万 t，每年有效减少数千万吨泥沙冲入黄河，带动周边 10 余万农牧民脱贫致富。同时库布齐沙漠建设光伏电站占地 5 万亩，110 万块光伏板，总装机量为 310 MW。2019 年库布齐光伏发电站项目发电量超 5.5 亿 kW·h，相当于减排二氧化碳约 28.61 万 t。

2.4.4.2 山区森林碳汇型

该类型适用于森林面积广、森林蓄积量大的乡村空间，重点在于推进乡村森林碳汇发展，发挥森林固碳能力的生态效益与经济效益。主要集中于对林区进行分区管理，充分实现森林经济和生态功能，划定一部分林区用于森林产品、生物能源和其他生产活动，另一部分作为碳汇林加以保护，实现收益最大化。创建森林碳汇商业模式，建立农户森林经营碳汇交易提示，实现森林碳价值转换。如浙江省杭州市临安区利用丰富的森林资源，率先开展了乡村森林碳汇交易工作，由林业部门牵头，建设了"碳汇林业实验区"，构建乡村碳汇林业管理机制，开展碳汇计量监测，形成《临安农户森林经营碳汇交易体系》，促进了林农增收。

南方乡村竹林是一个巨大的碳汇资源，各级政府应实施竹林经营碳汇，参照"临安模式"提升毛竹固碳增汇效果，同时对相关人员开展关于竹林经营碳汇开发的业务培训，带动乡村广大竹农走生态化、可持续化的竹林经营之路。据测算，实施 6.5 万亩竹林经营碳汇项目，按照目前林业碳汇交易价格，林农每年将有近 100 万元的生态收入，以 30 年为项目计入周期测算，可为林农增收约 3 000 万元。

2.4.4.3 绿色能源发展型

该类型适用于生产、生活长期能源重化工、资源依赖型的乡村空间。这类型乡村依托气候、区位等优势，加快向新能源、清洁能源转型，打造"新能源+储能"协同发展模式，实现绿色用电，降低用电成本，实现优势资源转化为产业带动和经济发展，促进乡村绿色低碳振兴。主要措施有：①统一规划，整乡推进光伏电站建设。采用"政府专项资金+社会资本"相结合模式，利用光热+光伏+储能技术，利用光伏扶贫建成村级电站，实现"自发自用""余电上网"，达到低排放、无污染的同时，增加村民集体收益。②清洁取暖建设，乡村地区构建清洁绿色的农村能源供给体系，减少散煤燃烧，改善空气质量，推动乡村能源消费革命、促进能源清洁化发展。

2.4.4.4 现代农业减碳型

该类型适用于部分农业生产方式落后，农业生产效率不高，导致固碳能力下降，碳排上升的乡村空间。重要措施有：①发挥农业系统固碳减排的潜力。采用合理的农业管理措施和减少土壤侵蚀，提高农业土壤的固碳量；优化养殖结构，大力推广种养结合和生态健康养殖技术,不断改进和提升畜禽粪便等废弃物资源处理水平和还田率;合理发展农村生物质能源产业,利用秸秆、粪便、农村有机垃圾等废弃资源开发生物质能源,抵消部分农业生产能源消耗;推广清洁能源。②实现智慧农业,建设现代农业示范基地,引进国内外先进农业生产技术和经营模式,将智能温控、无土栽培、智能配肥、自动灌溉、紫外线杀菌等技术引入农业生产,优化农业产业结构,带动农业增效和农民增收。③挖掘碳汇新空间,"低碳工业"与"富碳农业"互补,在产业间构建碳循环。

2.4.5　实施场景:"三园一地"乡村全域碳中和

构建"三园一地"的乡村全域碳中和场景,包括碳中和家园、碳中和公园、碳中和田园、碳中和林地。

2.4.5.1　碳中和家园(见图2-2)

农村家庭多为独墅或院落式居住建筑,户均居住面积大,打造个体式的碳中和控制单元有利于以点带面,推进整村整乡的碳中和建设。提倡乡宅新修及旧改时使用装配式建筑,以减少建材生产、运输、建造、拆除以及运行各阶段的碳排放量;在建筑内部安装建筑能耗监测及节能控制系统,来实现家庭水电能的实时监测和节能运行控制;倡导利用太阳能、储热设备等进行清洁取暖;屋顶安装分布式光伏,零距离输电和零排放发电,实现减排降碳和村民增收双重目的;建筑玻璃选用隔热节能表现优异的Low-E节能玻璃;庭院内可安装光伏阳光亭,打造集发电、遮阳、休憩多功能于一体的活动空间。

图2-2　碳中和家园实施场景

2.4.5.2　碳中和公园(见图2-3)

在居住集中、人口稠密的乡村社区建设小型碳中和公园是"双碳"目标实现的创新实践。公园内可设置运动充能显示屏、光伏花、光伏亭、光伏坐椅、风光智慧灯杆、光伏停车场、智慧垃圾桶等景观小品,社区公园不仅成为村民娱乐休闲的打卡地,还是倡导低碳生活、推广低碳技术的展示平台。

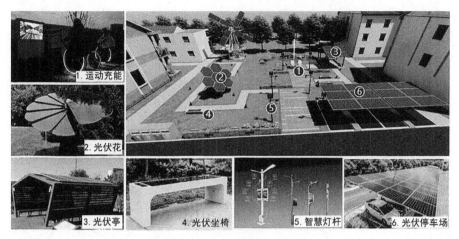

图 2-3 碳中和公园实施场景

2.4.5.3 碳中和田园(见图 2-4)

乡村田园风光秀丽,走绿色低碳农业的共富之路是实现乡村振兴的必然选择。低碳农业是乡村推进"双碳"的重要组成部分,通过水肥药管理监测、订单农业、农业旅游、农业无人机、智慧大棚、智慧农机等技术制度创新、可再生能源利用多种手段,实现高能效、低能耗、低碳排放的农业发展方式,推动低碳农业生产模式得到推广运用,全面推进传统农业经济增长方式向绿色发展转变。

图 2-4 碳中和田园实施场景

2.4.5.4 碳中和林地(见图 2-5)

林业碳汇是最大的碳储藏库,是最优质的碳汇类型,具有多维价值。弃土变林、栽植减碳林、增加碳汇林,开通森林碳汇交易渠道,建立林业碳汇数字平台,推广林业碳票模式,森林资源丰富的乡村地区发展"绿色经济"将大有可为。同时,积极开发森林旅游、林下经济、森林康养等森林产业多元综合体,让绿水青山变成真正的金山银山。

图 2-5　碳中和林地实施场景

第 3 章　实现碳乡融合的策略和路径

在第 2 章中,深入展开了碳中和与乡村振兴的融合发展背景及内在机制研究。基于第 2 章对乡村资源空间的角色与潜力、乡村资源空间管理的当前状况、碳乡融合的概念与内在机制以及碳乡融合理论框架的分析阐述,本章旨在深入探讨实现碳乡融合的关键策略和路径,以迎接"双碳"目标下的新乡村营建挑战。"两增、两减、N 举措"的战略框架为战略和路径的核心,平衡了碳排放减少与生态系统碳储存提升,强调追求减排和增汇,并根据实际情况精心制定创新举措,以逐步实现碳乡融合这一美好愿景。接下来将详细研究这一战略框架下的各项关键内容,包括农业减碳、生活减碳、增加新能源、增加生态碳汇以及社会参与与共识建立等方面。

●**核心理念**

"碳乡融合"技术路径是一种以碳平衡为核心的发展策略。它基于以下基本出发点:基于乡村地区的碳源排放(主要由农业、能源消耗、交通和工业活动产生)与碳汇吸收(通过植被、土壤和水体等自然生态系统)的关系,运用技术路径的制定和实施来实现碳排放与碳吸收之间的平衡,即碳中和,同时通过经济激励措施,如出售碳信用和电力并网,促进乡村的经济发展和振兴。

●**基本思路**

"两增、两减、N 举措"战略框架的思路演进从碳平衡与乡村发展的核心理念出发,是一个逐步推进的过程,逐步考虑了技术、政策、经济、可持续发展、社会参与和不断改进等多个要素,形成了较为全面的战略路径。本战略框架基于以下思路的思考与演进:

(1)碳平衡核心理念:战略框架的思路演进始于核心理念,即碳平衡的实现。这一理念从对乡村地区碳排放和碳吸收关系的认识出发,明确了碳乡融合的根本目标。

(2)碳平衡的技术创新:思路演进的首要步骤涉及对实现碳平衡的技术创新途径进行深入研究和发展,包括积极推进农业减碳技术、生活减碳技术、新能源技术以及生态碳汇技术的创新和应用。技术创新是达成碳平衡目标不可或缺的要素,它在碳乡融合战略框架中具有关键性作用。

(3)政策制定和监管:技术创新需要配合政策制定和监管。因此,思路的下一步是确保政府的积极参与,制定支持碳平衡的政策和监管措施。

(4)经济激励措施:为了鼓励广泛采用碳平衡技术,战略框架中特别重视了经济激励措施的制定和实施,如出售碳信用和电力并网。其核心目标是在实现碳平衡的同时,促进乡村经济的多元化和乡村社区的繁荣,进一步推动碳乡融合战略的成功实施。

(5)可持续发展维度:思路演进中逐渐涵盖了可持续发展的多个维度,包括经济、社会和环境,以此确保碳平衡不仅关注碳排放和碳吸收,还要平衡乡村地区的社会和经济、文化、政策等各方面的可持续性。

　　（6）社会参与和共识建立：在演进的过程中，社会参与和共识建立逐渐成为重要环节。广泛的利益相关者需要共同参与碳乡融合的规划和实施，以确保项目的成功和可持续性。

　　（7）不断调整和改进：思路的演进需要不断地调整和改进。由于乡村地区的多样性，没有一种通用的解决方案。因此，技术路径需要灵活性，能够根据不同地区的需求进行不断的监测和评估、调整和改进。

　　"两增、两减、N举措"框架指导下的策略和路径实现了环境保护和经济发展的双赢，为乡村地区提供了可持续发展的新途径。碳乡融合不仅是技术上的创新，更是社会经济模式创新的体现，它要求政府、企业、社区和个人的共同参与和努力。只有以这种方式逐步推进，乡村地区才能够在全球碳减排努力中发挥积极作用，实现可持续发展。

3.1　策略和路径概述："两增、两减、N举措"

　　本研究在面对全球气候变化和国内乡村振兴的双重挑战下，提出了"碳乡融合"战略，旨在通过实现"两增、两减、N举措"的策略和路径来推动乡村振兴与碳中和目标的双赢。这一策略是在国家碳达峰碳中和目标指导下，结合乡村实际情况制定的一系列具体实施路径和措施。这一策略的核心内容与具体路径如图3-1所示。

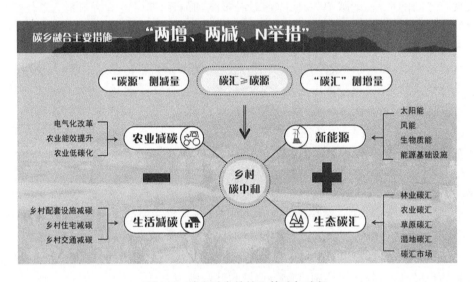

图 3-1　碳乡融合的核心策略与路径

　　"两增、两减、N举措"：以实现乡村碳中和为核心，通过在乡村减少生活和农业碳排放，增加生态碳汇技术和新能源技术，再辅以增加实施多项具体举措来综合推进乡村的绿色发展。

3.1.1　减排措施

　　减排措施是"两减"战略的核心，包含农业减碳和生活减碳两个方面。

- **农业减碳**

农业减碳着眼于提升农业生产过程中的能效,减少温室气体排放,采取以下措施:

电气化改革:推广使用电力驱动的农业机械,减少化石燃料的消耗。

农业能效提升:通过技术创新,提升农业生产的能效,减少不必要的能源浪费。

农业低碳化:发展有机农业,减少化肥和农药的使用,推广节水技术和精准农业。

- **生活减碳**

生活减碳聚焦于乡村日常生活中的碳排放,通过以下措施进行减排:

乡村配套设施减碳:优化乡村的供暖、照明和冷却系统,提高能效。

乡村住宅减碳:在乡村建设中应用绿色建筑标准,采用节能材料和技术。

乡村交通减碳:鼓励乡村居民使用低碳交通工具,改善和优化乡村交通结构。

3.1.2 增汇措施

增加措施是"两增"战略的另一核心,旨在增加新能源的利用和生态系统的碳汇能力。

- **增加新能源利用**

为了减少对化石能源的依赖,推动以下新能源利用措施:

太阳能:利用乡村丰富的土地资源,大规模部署太阳能光伏系统。

风能:在适宜的乡村地区开发风能资源,建立风电站。

生物质能:开发农业废弃物和畜禽粪便的生物质能源,提供清洁能源。

能源基础设施提升:建设适应新能源并网的能源基础设施,确保能源的有效使用。

- **增加生态碳汇**

通过以下生态工程和市场机制增加碳汇:

林业碳汇:开展大规模植树造林活动,提高森林覆盖率,增加碳汇。

农业碳汇:实施土壤碳固定项目,通过改良土壤管理提高农田碳汇能力。

草原碳汇:恢复和保护草原生态,通过草原管理提高其固碳能力。

湿地碳汇:保护和恢复湿地生态系统,提高湿地的自然净化能力和碳汇功能。

建立碳汇市场:发展碳交易市场,提供碳汇交易平台,增加碳汇的经济价值。

3.1.3 *N* 举措的具体实施

在"两增两减"战略基础上,*N* 举措为具体实施方案提供了多项行动指南,这些举措是实现乡村碳中和的具体行动,包括但不限于以下几个方面:

科技创新:持续推动农业科技和低碳技术的研发,提高乡村地区的科技水平。

政策支持:出台相关政策,为"两增、两减"战略的实施提供支持,包括财政补贴、税收优惠等。

社会参与:动员社会各界参与到乡村碳中和行动中来,包括企业投资、社区行动、公众教育等。

国际合作:在实施"两增、两减"战略中积极寻求国际合作,引进国际先进的低碳技术和管理经验。

3.2 两减:农业减碳和乡村生活减碳

3.2.1 农业减碳技术

3.2.1.1 农业设备的节能改造

农业设备的节能改造包括油改电技术和以电代煤技术,即使用电力替代石油和煤炭,以减少温室气体排放。油改电技术和以电代煤技术是应对农业领域碳排放挑战的重要技术创新。这两种技术都旨在通过电能替代传统化石燃料,以提高能源效率和减少温室气体排放。

1. 油改电技术

·原理:这一技术主要涉及将农业机械中的燃油发动机替换为电动机。电动机相比燃油发动机具有更高的能效,即在消耗相同的能量时可以提供更多的有效功。

·优势:电动机的主要优势在于其运行效率高且排放低。与燃油发动机相比,电动机在运行过程中不直接产生二氧化碳排放。

·应用:在实际应用中,油改电技术不仅能减少环境污染,还能降低农业生产的能源成本。由于电动机的维护成本低于燃油发动机,因此长期来看,这种技术转换能够为农民节省更多的费用。

2. 以电代煤技术

·原理:这项技术主要是将使用煤炭作为能源的农业设备改造成使用电能。煤炭是一种高碳排放的能源,而电能可以来自更清洁的能源,如水力、风能或太阳能。

·应用范围:以电代煤技术广泛应用于各种农业设备,包括烘干设备和加工设备。例如,谷物和果蔬的烘干过程传统上依赖于煤炭,通过改用电力,可以大幅减少这一过程的碳排放。

·环境影响:此技术的实施有助于减少农业生产中的碳足迹,对于实现农业可持续发展和应对全球气候变化具有重要意义。

通过减少对化石燃料的依赖,可以降低农业生产中的能源成本,减少温室气体排放。此外,随着可再生能源技术的发展,电能的清洁度将进一步提高,使得油改电和以电代煤技术的环境效益更加显著。

3.2.1.2 农业低碳化

农业低碳化涉及测土施肥技术、复合农业技术、农业废弃物的综合利用技术、有机农业产业、渔船节能技术。

1. 测土施肥技术

·原理:测土施肥技术基于精确测定土壤中的养分含量,包括氮、磷、钾和微量元素,以及土壤的酸碱度和有机质含量。这些数据用于制定具体的施肥计划,确保施肥的类型和数量与作物需求和土壤状况相匹配。

·优势:这种精准的方法显著减少不必要的肥料使用,减少养分流失,同时防止土壤盐渍化和重金属累积。它还能提高作物的产量和质量,因为养分供应更加均衡和充足。

·应用:应用这一技术时,农民会根据土壤检测结果调整施肥策略,比如改变肥料的类型、施用时间和方法,适用于大规模农业生产,也适用于小规模的家庭农场。

·环境影响:减少过量施肥能明显降低农业对地下水和水体的污染,减少温室气体排放,特别是氮气的排放。

2. 复合农业技术

·原理:复合农业技术通过将不同的农业生产系统(如种植、养殖和林业)相结合,创造一个多元化的生态系统。它利用了废物循环利用、生态平衡和多样化生产等不同系统间的协同作用。

·优势:此方法提高了资源利用率,减少了对外部投入的依赖,如化学肥料和农药。增加农民的收入来源,提高农业生产的抗逆性和稳定性。

·应用:将养鱼与水稻种植结合,鱼类控制稻田中的害虫和杂草,同时提供天然肥料,而稻田为鱼类提供食物和栖息地。

·环境影响:复合农业系统能增强生物多样性,改善土壤健康,减少化学投入,降低对生态环境的负面影响。

3. 农业废弃物的综合利用技术

·原理:运用生物技术或物理方法将农业废弃物转化为有用的资源。如通过厌氧消化技术将畜禽粪便转化为生物气体,或将农业废弃物如秸秆转化为生物质能源或生物肥料。

·优势:减少废物的排放和环境污染,创造新的能源和物质资源,提高农业生产的整体效率和可持续性。

·应用:在生物质能源站,秸秆和畜禽粪便被转化为生物气,用于发电或作为燃料。在有机农业中,废弃物被用作肥料,改善土壤结构和养分。

·环境影响:这项技术减少甲烷和二氧化碳等温室气体的排放,同时减少对化石燃料的依赖,促进生态平衡。

4. 有机农业产业

·原理:有机农业强调在不使用化学肥料和农药的条件下进行农作物生产,注重使用天然肥料如堆肥和绿肥,以及生物防治和作物轮作来保持土壤健康和控制病虫害。

·优势:有机农业提高了农田生态系统的整体健康和生物多样性,有助于构建更强韧的作物、更健康的土壤,减少化学输入,提高长期的土地可持续性。

·应用:有机农业广泛应用于蔬菜、水果、粮食和畜产品的生产中。通过获得有机认证,农民能够为他们的产品提高市场价值。

·环境影响:有机农业方法减少了化学肥料和农药的使用,减少了对水体和土壤的污染,减少了温室气体排放,尤其是在土壤碳固定方面。

5. 渔船节能技术

·原理:包括改进渔船的设计,如优化船体形状以减少阻力,使用更高效的引擎和传动系统,以及采用更高效的捕捞技术。

·优势:渔船改进能显著降低渔船的能耗,减少燃料成本和减少温室气体排放。

·应用:在现代渔业中,采用节能技术的渔船可以进行更远距离的航行,提高捕捞效率,同时减少对海洋生态系统的破坏。

　　·环境影响:节能渔船减少了对海洋生态系统的负面影响,特别是在减少碳排放和海洋污染方面。

　　农业低碳化技术在实现农业生产的环境可持续性、提高能源效率、减少温室气体排放方面发挥着关键作用。它们代表了农业向更环保、更高效的未来迈进的重要步骤。

3.2.1.3　农业设备节能技术

　　农业设备节能技术包括柴油机的减排降耗技术、农业设备复式作业技术、农业机械小田地操作的优化技术,以及农业机械节能减排技术的开发。

　　1. 柴油机的减排降耗技术

　　·原理:该技术通过优化燃油注射系统、改进燃烧室的设计和使用先进的排放控制技术(如柴油颗粒过滤器和选择性催化还原技术)来减少柴油机的燃油消耗和排放。该改进提高了燃料燃烧的效率,减少了未燃烧燃油的排放。

　　·优势:农业机械长时间运行减少燃料消耗和排放,降低了农业生产的运营成本,减轻了对环境的负担。

　　·应用:被广泛应用于新型农业机械的设计中,同时也用于升级现有的老旧机械。在大型农场和机械化程度较高的区域比较常见。

　　·环境影响:减少有害气体排放(如氮氧化物和颗粒物)和温室气体(如二氧化碳)的排放,改善空气质量和缓解气候变化。

　　2. 农业设备复式作业技术

　　·原理:复式作业技术用一台机器同时完成多个农业任务(如耕作、播种和施肥)来提高效率,通常通过集成多功能附件或组件实现。

　　·优势:一体化操作减少了机械在田间的行驶次数,显著提高作业效率,减少了能源消耗,减少了对土壤的压实,有利于保护土壤结构。

　　·应用:在大规模的粮食和经济作物种植中尤为普遍,如小麦、玉米、大豆等。

　　·环境影响:除减少燃料消耗和相应的碳排放外,复式作业技术还减少了土壤扰动,助力于保护生物多样性和减少水土流失。

　　3. 农业机械小田地操作的优化技术

　　·原理:该技术通过改进机械设计、提高机动性和精确性,使农业机械能够在较小或不规则形状的田地中高效作业,比如更灵活的转向机制、自动导航系统和改进的悬挂系统。

　　·优势:对于分散的小规模农地或地形复杂的区域,该技术显著提高了作业效率和减小了作业难度。

　　·应用:应用在山区、丘陵和城郊小型农场,适用于精细农业操作,如果园管理和蔬菜种植。

　　·环境影响:优化小田地作业,减少农业机械的能源消耗和排放,减少对土壤和生态环境的干扰。

　　4. 农业机械节能减排技术的开发

　　·原理:涉及使用高效能源系统(如电动和混合动力系统)、轻量化材料和改进动力传输系统等,提高机械的总体能源效率。

·优势:除降低能源成本外,减少机械操作的环境影响,减少温室气体排放。

·应用:现代农业机械,尤其是新开发和新购买的机械,越来越多地采用这些节能减排技术,例如电动拖拉机和自动化收割机。

·环境影响:减少农业活动的碳足迹,实现农业生产的可持续发展和减少对全球气候变化的影响。

农业设备节能技术提高了农业机械的效率和效能,减少了能源消耗和环境污染,这些技术的广泛应用是实现农业可持续发展和环境保护的关键。

3.2.1.4　节能型高产农业技术

节能型高产农业技术强调种植制度的优化、缓释肥的应用、节水灌溉技术、节肥节药技术,以及智慧农业的发展。

1. 种植制度的优化

·技术原理:种植制度的优化基于农作物的生长习性和环境适应性,调整种植结构和模式。通过轮作、间作或混作等方法,有效利用土地资源,同时减少病虫害和杂草的发生。

·优势:这种方法能够提高土壤肥力,增加生物多样性,从而提高作物产量和质量。它还可以减少对化学肥料和农药的依赖。

·应用:广泛应用于各种农业生产系统中,特别是在需要可持续土壤管理和生物多样性维护的地区。

·环境影响:有助于土壤保健和生态平衡,减少化学输入导致的环境污染。

2. 缓释肥的应用

·技术原理:缓释肥料通过特殊的涂层或物理结构控制养分的释放速度,使养分的供应与作物需求更为匹配。

·优势:减少养分流失,提高肥料利用率,减少施肥次数和用量。

·应用:在粮食物、经济作物和果蔬种植中得到广泛应用,特别是在水肥管理要求严格的地区。

·环境影响:减少了肥料流失导致的水体富营养化问题,对生态系统保护有积极作用。

3. 节水灌溉技术

·技术原理:包括滴灌、喷灌等现代灌溉技术,精确控制水量和灌溉时间,最大限度地提高水的使用效率。

·优势:大幅减少水的浪费,特别是在干旱和水资源匮乏的地区。

·应用:适用于各类农作物,广泛应用在水果、蔬菜和观赏植物种植中。

·环境影响:减少了水资源的浪费,有助于水资源的可持续管理和生态系统的保护。

4. 节肥节药技术

·技术原理:通过精准施肥和施药、使用生物肥料和生物农药,以及采用集成病虫害管理(IPM)策略,减少化学肥料和农药的使用。

·优势:减少了化学品的使用,减少了对作物和土壤的负面影响,同时降低了生产成本。

·应用:在有机农业和环境敏感区域特别受到重视。

·环境影响:减少农药和化肥对水体与土壤的污染,保护生态环境和人类健康。

5. 智慧农业的发展

·技术原理:结合了信息技术、物联网、大数据分析和人工智能技术,以实现农业生产的自动化和智能化管理。

·优势:提高农业生产的效率和精准性,降低资源消耗,提升农作物质量和产量。

·应用:智慧农业技术在精准农业、温室管理、精准灌溉和病虫害预测等方面得到应用。

·环境影响:通过优化资源使用,减少了对环境的影响,提高了农业生态系统的可持续性。

3.2.1.5　节能养殖模式

节能养殖模式涵盖种养结合技术和生态节能养殖技术。节能养殖模式是现代农业发展中的重要组成部分,旨在通过种养结合技术和生态节能养殖技术提高农业生产的效率和可持续性。

1. 种养结合技术

·原理:种养结合是一种将作物种植与动物养殖相结合的农业模式。其核心思想是通过生态循环和资源共享,实现农业生产的互补和平衡。

·实施方法:例如农场可以将畜禽粪便用作有机肥料,用于作物种植,而作物秸秆又可以作为动物饲料或床垫材料。

·优势:这种模式可以提高资源利用率,减少化学肥料和饲料的需求,降低生产成本。

·环境影响:减少化学物质的使用,减轻对土壤和水源的污染,同时提高农业系统的生物多样性。

2. 生态节能养殖技术

·原理:生态节能养殖侧重于使用可再生能源和节能设备,优化动物养殖环境,减少能源消耗。

·实施方法:应用太阳能和生物质能源系统,以及采用节能型饲养设施和自动化管理系统。

·优势:降低能源成本,提高养殖效率,减少温室气体排放。

·环境影响:减少对化石燃料的依赖,减轻农业对气候变化的影响。

3.2.1.6　农业管理措施

农业管理措施包括保护性耕作、秸秆还田、有机肥施用以及人工种草等措施,旨在通过土壤和作物管理减少碳排放。

1. 保护性耕作

·原理:保护性耕作主要是减少对土壤的物理干扰,如无翻耕或浅耕,旨在保持土壤结构和有机质。

·优势:减少土壤侵蚀和水分流失,提高土壤的水分保持能力和有机物质含量。

·应用:广泛用于易受侵蚀地区的农田管理,尤其适用于旱地农业。

2. 秸秆还田
- 原理:秸秆还田指的是将作物收割后的残留物直接还田,而不是烧毁或移除。
- 优势:提高土壤有机质含量,增强土壤的肥力和结构。
- 应用:尤其适用于粮食作物如小麦、玉米的生产地区,有助于循环利用农业废物。

3. 有机肥施用
- 原理:使用来源于植物或动物的有机物料制成的肥料,如堆肥或动物粪便。
- 优势:提供长期的肥效,改善土壤结构和微生物活性。
- 应用:适用于各种农作物和园艺植物,特别是在有机农业中普遍应用。

4. 人工种草
- 原理:在农田间或边界种植草本植物,以改善土壤质量和防止侵蚀。
- 优势:增加土壤有机质,提高土壤水分保持能力,减少水土流失。
- 应用:常见于坡地农业和水源涵养区,也用于提高畜牧业的可持续性。

3.2.1.7　光伏农业

结合太阳能发电、现代农业种植和养殖、高效设施农业,以促进农业生产的节能和高效。光伏农业是将太阳能发电与现代农业种植和养殖技术相结合的创新模式。这一模式利用光伏板同时发电和为植物提供必需的遮阴及温度控制,达到节能和提高农业生产效率的双重目的。

1. 太阳能发电与农业的结合

光伏板安装在农田上方,不仅发电,还为作物提供遮阴,在高温季节保护植物免受过度阳光照射。此种布局设计使得光伏板既不占用农用地,也不影响农作物的正常生长,甚至有助于改善作物生长条件。

2. 现代农业种植和养殖的融合

在光伏板下进行的农业活动可以包括蔬菜、水果、药材等的种植,以及温室作物的培养。养殖业也可以从中受益,比如在遮阴的环境下养殖鱼类或其他水生动物,减少水体蒸发和水温过高所带来的负面影响。

3. 高效设施农业

结合了光伏技术的高效设施农业可以实现更优的温度和光照管理,提高作物的产量和品质,减少对外界气候条件的依赖,降低自然灾害对农业生产的影响。

4. 节能和高效的实现

通过太阳能发电,农场可以自给自足,减少对外部电网的依赖,降低能源成本。光伏农业模式还能减少农业生产对化石燃料的依赖,降低温室气体排放,促进农业生产的绿色转型。

光伏农业代表了一种创新的农业发展模式,提高了农业生产的节能和效率,有助于农业生产的可持续发展,随着中国光伏技术的进步和经验的积累,光伏农业有望在全球范围内得到更广泛的应用。

3.2.2　乡村生活减碳技术

碳中和路径上,乡村生活减碳技术正成为降低农业生产与日常生活碳足迹的有力武器。生物质能源转换、智能照明系统的运用,减少了对化石能源的依赖,抑制了温室气体的排放,而且提高了能源利用率,推动了能源循环再生,以一举多得的方式助力乡村走向低碳发展轨道。

乡村振兴的进程中,减碳技术同样扮演着促进经济社会发展的角色。光伏农业、立体绿化等技术的推广,不仅美化了乡村景观、提升了生态价值,更激发了绿色产业链的发展势能,为乡村经济注入了新动力,拉动了就业市场的扩容,从而催生了经济发展的新模式和增长点。

本节将从"技术的适用性与集成度、成本效益与维护需求、环境效益与教育价值"三个方面重点介绍以下 8 种乡村生活减碳技术:

(1)公共照明系统(公共照明节能技术与智能照明系统)。

(2)住宅清洁取暖(空气源热泵技术、生物质锅炉技术、水源热泵技术、屋顶太阳能)。

(3)乡村绿化系统(乔灌草绿化模式、立体绿化)。

(4)废弃物处置系统(垃圾分类回收、废弃物资源化技术、智能废弃物管理系统)。

(5)住宅设计与节能(绿色建筑设计、碳中和建筑设计、节能家居、智能家居)。

(6)水环境系统(给排水系统节能技术、智能水环境系统)。

(7)新能源汽车(混合动力汽车、纯电动汽车)。

(8)道路低碳化设计(道路微循环设计、道路新材料:ETO 高黏弹超薄罩面技术)。

3.2.2.1　公共照明系统(公共照明节能技术与智能照明系统)

1.技术的适用性与集成度

公共照明系统,特别是节能和智能照明技术,在乡村地区的适用性非常高。这些系统能够适应各种环境条件,并且可以轻松集成到现有的基础设施中。节能照明技术,如LED 灯具,以其低能耗、长寿命和高光效的特性,适应从街道到公共建筑的各种照明需求。而智能照明系统通过传感器和控制技术,实现对光强的自动调节,适应不同时间和环境的照明需求。这些系统可以轻松集成到现有电网中,或与太阳能等可再生能源系统配合使用,进一步提高能源效率。

2.成本效益与维护需求

公共照明系统尤其是智能照明系统的初始投资相对较高,但长期来看,其成本效益十分显著。节能灯具虽然单价高于传统灯具,但其低能耗和长寿命特性意味着长期能源消耗和维护成本大幅下降。智能照明系统通过自动调节光照强度,进一步降低能耗,尤其在非高峰时段可节约大量电能。这些系统通常需要较少的维护,因为 LED 灯具的使用寿命长,且智能系统能够实时监控和预防故障。

3.环境效益与教育价值

公共照明节能和智能化系统的推广在环境保护方面具有重要意义。通过减少能源消耗,这些技术可降低温室气体排放,对抗气候变化,减少能源使用也意味着减少对化石燃料的依赖,而减轻对环境的压力。此外,智能照明系统的应用还可以成为教育乡村居民关于节能和可持续发展重要性的有效途径。通过展示智能技术如何有助于环境保护,可以提高公众对环境问题的认识,并激励他们在日常生活中采取更多环保行动。

3.2.2.2　住宅清洁取暖(空气源热泵技术、生物质锅炉技术、水源热泵技术、屋顶太阳能)

1.技术的适用性与集成度

住宅清洁取暖技术在乡村生活中的应用适用性极高,尤其是在冬季取暖和热水供应方面。空气源热泵技术、生物质锅炉、水源热泵以及屋顶太阳能系统都能够根据乡村地区的不同气候条件和资源特性进行优化配置。例如,在资源丰富的地区,生物质锅炉可以充分利用当地的农业废弃物;而在阳光充足的地区,屋顶太阳能则更为适用。这些技术不仅可以单独使用,也可以与现有能源系统集成,如将太阳能系统与传统电网相结合,以提高能源使用的灵活性和效率。

2.成本效益与维护需求

住宅清洁取暖技术虽然需要一定的初始投资,但长期来看具有显著的成本效益。例如,空气源热泵和水源热泵虽然安装成本较高,但由于其高效的能源转换率,能够在运行期间大幅节约能源费用。生物质锅炉的运行成本相对较低,尤其是在可以利用当地生物质资源的地区。屋顶太阳能系统可以提供长期稳定的能源供应,减少对电网的依赖。这些系统的维护需求相对较低,但需要专业知识进行定期检查和维护,以确保系统效率和安全。

3.环境效益与教育价值

住宅清洁取暖技术对于减少乡村地区的碳排放和提升环境质量具有重要作用。这些技术通过使用可再生能源或提高能源效率,有助于减少温室气体排放,减轻对环境的压力。例如,屋顶太阳能系统的使用减少了对化石能源的依赖,生物质锅炉则通过利用废弃物转化为能源,实现资源的循环利用。此外,这些技术的推广还能够作为教育居民的平台,提高他们对于可持续能源和环境保护的认识,鼓励乡村社区采取更加积极的环保行动,共同构建绿色生态乡村。

3.2.2.3　乡村绿化系统(乔灌草绿化模式、立体绿化)

1.技术的适用性与集成度

乡村绿化系统,尤其是乔灌草绿化模式和立体绿化技术,对于改善乡村的自然环境至关重要。乔灌草绿化模式通过种植树木、灌木和草本植物,可以有效地改善土壤质量、防止水土流失,并且提供生物多样性的栖息地。这种模式不仅在美化环境方面发挥作用,还能根据当地气候和土壤条件进行优化,从而在各种环境中都能实现良好的生长效果。立体绿化技术,则通过在垂直空间进行植物种植,最大化绿化效果,特别适用于土地资源有限的乡村地区。它能够在建筑物的墙面、屋顶上创造绿色空间,不仅增强了景观美,还有助于改善空气质量。这些绿化技术可以轻松地与乡村现有的规划和建设相集成,为乡村带来环境上的综合改善。

2.成本效益与维护需求

虽然乡村绿化系统在初始阶段需要一定的投资(如植物购置、土地整治和灌溉系统建设),但长远来看,它们的经济效益是显著的。绿化可以提升地产价值,改善居民的居住环境,甚至有助于吸引游客,促进乡村旅游业的发展。此外,绿化系统还能提供生态服务,如净化空气、调节气候、保持水土等,这些都是长期的经济效益。维护方面,乡村绿化系统需要定期地养护,包括灌溉、修剪、施肥和病虫害防治。虽然这带来一定的运营成本,但通过合理规划和使用本地适生植物,可以降低养护难度和成本。

3. 环境效益与教育价值

乡村绿化系统在改善环境方面具有极大的益处。它们能够显著提高空气质量,通过植物的光合作用吸收二氧化碳并释放氧气,从而直接对抗气候变化。绿化还能够增加生物多样性,为各种野生动植物提供栖息地。此外,绿化项目本身就是对乡村居民的一种环境教育。它可以提高公众对生态系统服务的认识,增强他们对环境保护的责任感。通过参与绿化活动,乡村居民能够直接体验自然,从而培养对环境保护的积极态度。

3.2.2.4 废弃物处置系统(垃圾分类回收、废弃物资源化技术、智能废弃物管理系统)

1. 技术的适用性与集成度

废弃物处置系统,包括垃圾分类回收、废弃物资源化技术以及智能废弃物管理系统,对于实现乡村生活的可持续发展至关重要。这些系统能够有效处理乡村地区日益增长的垃圾问题,减少环境污染。垃圾分类回收技术可以有效分离可回收物和不可回收物,提高资源的回收率。废弃物资源化技术则通过将垃圾转化为能源或其他有用的材料,实现废物的最大化利用。智能废弃物管理系统通过使用传感器、数据分析和互联网技术,能够优化垃圾收集和处理过程,提高效率。这些技术不仅可以独立运作,也可以与现有的乡村基础设施(如能源和交通系统)相集成,形成一个综合的废弃物管理网络。

2. 成本效益与维护需求

虽然废弃物处置系统的初始建设和设备投资成本较高,但从长远角度看,这些系统能够带来显著的经济效益和环境效益。垃圾分类回收可以减少废物处理的成本,同时通过出售可回收材料获得收入。废弃物资源化技术不仅减少了对传统垃圾处理设施的依赖,还能通过转化废物为能源或其他产品来创造经济价值。智能废弃物管理系统能够减少垃圾收集和运输的次数,从而降低运营成本。这些系统的维护需要专业知识和技术支持,但通过定期的维护和升级,可以保证系统长期稳定运行。

3. 环境效益与教育价值

通过垃圾分类和资源化,这些技术能够显著减少垃圾填埋和焚烧的数量,减轻对环境的压力。智能废弃物管理系统的应用能够提高垃圾处理的效率和准确性,减少环境污染。此外,这些系统还具有重要的教育价值。通过推广垃圾分类和废物资源化的理念,可以提高乡村居民的环保意识,鼓励他们积极参与环境保护活动。废弃物处置系统的成功运作可以成为乡村可持续发展的典范,激发公众对环境保护和资源循环利用的认识。

3.2.2.5 住宅设计与节能(绿色建筑设计、碳中和建筑设计、节能家居、智能家居)

1. 技术的适用性与集成度

绿色和碳中和建筑设计以及节能和智能家居系统在乡村住宅设计中的应用日益增多,主要得益于它们的高度适用性和灵活的集成能力。绿色建筑设计强调使用环境友好材料和能源高效的结构,能够根据乡村地区的自然环境和文化特征进行定制化设计。碳中和建筑则致力于实现能源自给自足,通过太阳能、风能等可再生能源集成,减少对外部能源的依赖。节能家居和智能家居技术能够与现有住宅结构兼容,通过智能系统优化能源使用,如自动调节室内温度和照明,实现能源使用的最大化效率。

2.成本效益与维护需求

尽管绿色和碳中和建筑在初期建设中可能需要更高的投资(例如,高效绝缘材料、太阳能面板、智能控制系统),但这些投资长期来看具有显著的成本效益。这些技术能够显著降低能源消耗,减少长期运营成本。智能家居系统虽然需要定期维护和软件更新,但可以通过远程监控和自动故障检测系统降低维护难度和成本。节能家居的维护需求相对较低,因为其节能设备通常具有较长的使用寿命和较低的故障率。

3.环境效益与教育价值

绿色和碳中和建筑设计在减少碳排放和提高能源效率方面发挥着重要作用,对于实现乡村可持续发展具有深远的意义。这些设计能够提高建筑的能源效率,减少对环境的影响,同时提供健康舒适的居住环境。智能家居系统通过优化能源使用,减少了对化石燃料的依赖。此外,这些技术的应用还能够作为教育工具,提高居民对节能减排重要性的认识,促进环保意识的提升和行为的改变。

3.2.2.6　水环境系统(给排水系统节能技术、智能水环境系统)

1.技术的适用性与集成度

在乡村地区,水环境系统特别是给排水系统的节能技术和智能水环境系统对于水资源的可持续管理至关重要。节能技术能够减少水处理和输送过程中的能源消耗,例如通过高效泵和管道系统来减少能源的浪费。智能水环境系统则通过传感器和数据分析优化水的使用和处理,如监测水质和水量,自动调整处理过程。

2.成本效益与维护需求

水环境系统的节能技术和智能化改造虽然在初期需要一定的投资,但长期来看,它们能够带来显著的经济效益。节能技术通过减少能源消耗,降低了水处理和供应的运营成本。智能水环境系统能够减少水资源的浪费,优化运营效率,从而节约成本。这些系统的维护需求相对较低,尤其是智能系统,它们可以通过远程监控和自动化管理减少人工维护的需求和成本,使得排水管网的安全运行可把握、可控制、可预测;监测仪器与信息化平台结合,线上与线下结合,为排水规划、防涝预测提供决策依据。

3.环境效益与教育价值

水环境系统在节约水资源和保护水环境方面发挥着重要作用。这些技术能够提高水资源的利用效率,减少污染物排放,保护乡村地区的河流和水体。智能水环境系统还能提供实时的水质监测数据,帮助乡村居民了解水资源状况,提高对水资源保护的意识。通过参与水资源管理和保护活动,乡村居民能够直接体验水资源节约和保护的重要性,从而培养对环境保护的积极态度,为乡村可持续发展作出贡献。

3.2.2.7　新能源汽车(混合动力汽车、纯电动汽车)

1.技术的适用性与集成度

新能源汽车包括混合动力和纯电动汽车,在乡村地区的适用性日益增强。混合动力汽车结合了传统燃油引擎和电动机的优点,适合在电动车充电设施尚不完善的乡村地区使用。纯电动汽车则完全依赖电力驱动,更适合短途出行和乡村地区日常通勤。随着电动车充电基础设施在乡村地区的建设和完善,纯电动汽车的适用性将进一步提高。这些新能源汽车能够与现有的交通系统和能源网络相集成,提供更清洁、更高效的交通方式。

2. 成本效益与维护需求

新能源汽车的初始购买成本通常高于传统燃油汽车,但其长期运行成本较低。混合动力汽车在降低油耗方面表现出色,而纯电动汽车由于电力成本低于汽油,运行成本更低。此外,电动汽车的维护成本也低于传统汽车,因为电动汽车拥有更少的移动部件和更低的磨损率。随着电池技术的进步和规模化生产,新能源汽车的购买成本预计将进一步降低。

3. 环境效益与教育价值

新能源汽车对减少交通领域的碳排放具有显著作用。混合动力汽车和纯电动汽车的普及有助于减少乡村地区的温室气体排放和空气污染,改善环境质量。同时,它们作为清洁能源交通工具的代表,对于提升公众环保意识和推广绿色出行理念具有重要的教育价值。通过使用新能源汽车,乡村居民能够直观感受到低碳生活方式的实际效益,从而促进更广泛的环保行为转变。

3.2.2.8　道路低碳化设计(道路微循环设计、道路新材料:ETO 高黏弹超薄罩面技术)

1. 技术的适用性与集成度

道路低碳化设计,包括道路微循环设计和使用 ETO 高黏弹超薄罩面技术,为乡村地区提供了提高道路效率和减少环境影响的解决方案。道路微循环设计通过优化道路布局和提升交通流动性,减少车辆拥堵和排放。ETO 高黏弹超薄罩面技术则是一种新型道路材料,通过异步洒布超黏非乳化黏层油,在当地普通 SBS 改性沥青的基础上,只需在拌和站中采用干法工艺添加 ETO 薄层特种改性添加剂与专用抗裂纤维得到高黏弹改性沥青混合料,采用传统沥青路面摊铺压实工艺,并结合温拌技术保证施工性能,标配反射裂缝成套防治系统,铺筑的厚 1.2~2.0 cm 的超薄罩面技术。它能够提高道路耐久性和减少维护需求。采用 ETO 高黏弹超薄罩面技术并结合温拌技术,在施工中可以减少温室气体排放 60% 以上,工程费用比传统道路工程降低 10%。这些技术根据乡村地区的特定条件进行调整,与现有道路网络和环境相集成,提高道路的整体性能和可持续性。

2. 成本效益与维护需求

道路低碳化设计的初始投资可能高于传统道路建设,长期来看它们能够带来显著的经济效益。微循环设计能够提高交通效率,减少由于拥堵造成的经济损失。ETO 高黏弹超薄罩面技术虽然在铺设时成本较高,但由于其高耐用性,能够显著降低道路的长期维护成本。这些技术的维护需求相对较低,能够保证道路长时间保持良好状态,减少频繁维护带来的经济和环境负担。

3. 环境效益与教育价值

道路低碳化设计在减少交通碳排放和提升道路可持续性方面发挥着重要作用。通过优化道路设计和使用高效材料,这些技术有助于减少汽车尾气排放和道路建设对环境的影响。同时,它们可以作为乡村地区道路可持续发展的典范,提升公众对低碳交通和环境保护的认识。通过实施这些先进的道路设计和材料技术,乡村居民能够直接感受到低碳化道路带来的环境、经济效益,进而在日常生活中采取更多环保行动,共同构建绿色乡村。

乡村生活减碳技术的有效推广与应用对于实现乡村可持续发展与碳排放减少具有决定性的作用。这些技术的综合推广显著降低乡村地区的整体碳足迹,有助于乡村地区实现碳排放减少的目标,提升居民的生活标准,增强社区的环境意识。随着技术的进一步研发和成本降低,它们在乡村生活中的普及和应用将更加广泛。

3.3 两增:新能源技术和生态碳汇

3.3.1 增加新能源技术

在乡村大力推广新能源技术,对于推动碳乡融合模式的发展具有重大的战略意义。新能源技术的引进与普及,进一步深化了乡村社区的社会文化进步。如生物质能的有效转换、智能微电网的构建优化了基础设施,激发了居民对于可持续生活方式的认同,增强了环境保护意识。既是走向碳中和的必经之路,也是乡村振兴的重要推手,它使乡村地区在环境保护与经济发展之间找到了平衡点,向着绿色、可持续的未来稳健迈进。

本节将从"技术的环境适应性、经济与能效比、对乡村发展的促进作用、技术的可持续性"四个方面重点介绍以下 7 种新能源技术:

(1)地热泵技术(环保型空调系统)。

(2)渔光模式(渔业光伏互补)。

(3)分布式太阳能应用技术(屋顶分布式:光屋模式;地面集中式:农光模式)。

(4)光荒模式(固沙保水、改善植物生存环境、高效能光伏发电)。

(5)中小型风力发电技术。

(6)生物质能利用技术:①热化学转换技术(制取木炭焦油和可燃气体)。②生物转换技术(制取木炭沼气、酒精等)。③生物化学转换法(炉灶燃烧技术、锅炉燃烧技术、致密成型技术、垃圾焚烧技术)。

(7)能源基础设施:智能微电网技术、新能源并网技术(尚未成熟)、储能技术(起始阶段)。

3.3.1.1 地热泵技术(环保型空调系统)

1. 技术的环境适应性

地热泵技术作为一种高效的温控系统,特别适用于气候多变的乡村环境。这项技术通过利用地下恒定的温度来调节室内空气,无论是在寒冷还是炎热的季节都能提供舒适的环境。地热能是一种清洁、可再生的能源,几乎在所有地理环境下都有潜力被开发利用,特别适合需要全年调温的乡村地区。

2. 经济与能效比

虽然地热泵系统的初期安装成本相对较高,但其运行成本比传统空调系统要低得多,因为它利用的是地下的自然热能,这大大减少了能源消耗。长期来看,地热泵的能效比远超传统空调系统,可以提供显著的经济节约,尤其是当考虑到节省的能源费用和维护费用时。

3. 对乡村发展的促进作用

地热泵技术的应用能够提高乡村地区的居住舒适度,吸引更多人才和投资,促进当地经济发展。作为一种环保技术,它还能提升乡村的绿色形象,有助于发展生态旅游等产业。

4.技术的可持续性

地热泵是一种可持续性强的技术,因为它依赖的是地球内部的热能,这是一种几乎不会枯竭的能源。它不产生直接的碳排放,并且能够为乡村提供长期稳定的温控解决方案。

3.3.1.2　渔光模式(渔业光伏互补)

1.技术的环境适应性

渔光模式是在水面上安装光伏板,同时不干扰下方的渔业生产。这种模式特别适合水域广阔的乡村地区,既可以发电,也可以防止水体过度蒸发,且对水下生态影响较小。它适应了渔业与能源生产的双重需求,实现了水面的高效利用。

2.经济与能效比

渔光模式的经济效益体现在两方面:一是光伏发电可以为当地提供清洁电力,降低电费;二是它为渔业提供了一个相对遮阴的环境,提高鱼类产量。同时,光伏板的存在减少了水面蒸发,保持了水质,间接改善了水产养殖的生长环境。

3.对乡村发展的促进作用

渔光互补模式通过将可再生能源的生产与水产养殖相结合,为乡村地区提供了一条多元化发展的路径。这种模式可提高乡村地区的能源自给自足率,降低能源成本,促进渔业的可持续发展。

4.技术的可持续性

渔光互补技术的可持续性在于它为乡村地区提供了双重益处的解决方案,既生产了清洁能源,又维护了生态环境的平衡。这种模式符合循环经济的原则,通过优化资源利用,为乡村社区带来经济和环境上的双重收益。

3.3.1.3　分布式太阳能应用技术(屋顶分布式:光屋模式;地面集中式:农光模式)

1.技术的环境适应性

以屋顶分布式的光屋模式和地面集中式的农光模式为代表的分布式太阳能应用技术在乡村展现出卓越的环境适应性。光屋模式允许家庭和企业通过屋顶安装光伏板,直接利用建筑物已有的空间进行能源生产,适合不同规模和风格的建筑物。农光模式则结合农业用地和光伏发电,使得农地在保持农作物生产的同时,还能进行电力生产,适应了乡村开阔地区对土地双重利用的需求。

2.经济与能效比

分布式太阳能系统在经济与能效比方面具有显著优势。短期内,虽然需要一定的初始投资用于光伏板的购置和安装,但由于太阳能是免费且清洁的能源,在阳光充足的地区长期运营中电力成本大幅降低;此外,分布式太阳能还有可能通过政策补贴和电网回馈机制获得额外经济收益。

3.对乡村发展的促进作用

分布式太阳能技术对乡村发展的促进作用体现在促进能源独立和创造新的经济增长点上。光屋模式可以降低居民和企业的能源账单,而农光模式通过卖电给电网或为当地社区提供能源则能增加农户的收入来源。这些技术的应用还有助于推动乡村地区的新能源产业发展,为农户提供新的就业机会。

4.技术的可持续性

分布式太阳能技术在可持续性方面的表现尤为突出。它不仅有助于减少对化石燃料的依赖和碳排放,而且提升了乡村能源自给自足的能力。随着技术的进步和成本的进一步降低,太阳能将成为更加普及的能源选择。此外,分布式太阳能系统通常具有较低的维护成本和较长的使用寿命,提供了一种长期稳定的能源解决方案,符合乡村发展的长期规划和生态保护的需求。

3.3.1.4　光荒模式(固沙保水、改善植物生存环境、高效能光伏发电)

1.技术的环境适应性

光荒模式特别适用于干旱、半干旱以及沙质土壤广泛的乡村地区,这些地区通常面临水资源短缺和土地退化问题。在荒漠化地区安装光伏板结构可以生产清洁电力,为地下水保留创造条件,降低地面温度,为植被生长创造更有利的环境。这种模式有效地与荒漠化地区的环境条件相适应,实现了土地的多元化利用。

2.经济与能效比

光荒模式的经济效益体现在其能够将较少价值的荒漠地转变为能源生产基地。光伏发电的高效能确保了能源产出与投入成本之间的良好比例。长期而言,这种模式带来了能源销售的直接经济收入,改善当地生态环境,间接促进了生态旅游等其他经济活动的发展。

3.对乡村发展的促进作用

光荒模式为乡村地区的可持续发展提供了创新路径。它将荒废的土地转化为经济价值,促进了环境恢复和生物多样性的提升。它鼓励当地社区参与环保和新能源项目,提升居民就业技能,增加工作机会,推动乡村地区的全面发展。

4.技术的可持续性

光荒模式的可持续性在于其对抗土地荒漠化的同时,提供了清洁能源和生态环境改善的双重益处。此外,该技术还能减少化石能源的使用,降低碳排放,促进当地走向碳中和的目标。长远来看,光荒模式为乡村地区带来了经济上的收益,在生态和社会层面展现了其深远的影响力,为乡村地区的环境可持续性提供了有力保障。

3.3.1.5　中小型风力发电技术

1.技术的环境适应性

中小型风力发电技术为乡村地区提供了与自然环境和谐共存的能源解决方案。这种技术适用于风力资源丰富的乡村地带,利用地区的自然风能进行电力生成。与大型风力发电场相比,中小型风力发电技术更灵活,根据当地风能资源和电力需求进行定制化部署,减少对环境的侵扰,适应不同地形和土地使用情况。

2.经济与能效比

中小型风力发电的投资相对大型风电场而言更加经济,可以根据乡村社区的规模和能源需求进行适量投资,避免过剩的能源浪费。它们通常有较低的运行和维护成本,并能在风力充足的区域提供稳定的能源输出。这种发电技术通过提供可再生能源来降低长期电费,增强乡村能源的自给自足能力,提升乡村地区的经济独立性。

3. 对乡村发展的促进作用

中小型风力发电技术能够促进乡村地区的能源自主和绿色经济发展,通过提供清洁能源,保障乡村社区的电力供应,支持当地产业的发展和现代化。此外,风力发电项目可以作为乡村地区教育和社会参与的平台,提高居民对可持续发展和可再生能源的认识。

4. 技术的可持续性

中小型风力发电作为一种可持续的能源生产方式,在降低乡村地区碳排放和促进环境保护方面发挥着重要作用。它们提供了与环境相协调的能源生产方式,而且由于其可再生性,对于保护乡村地区的自然生态和促进生物多样性保护具有积极影响。中小型风力发电技术可以长期稳定地为乡村社区提供清洁电力,支持当地向着低碳、绿色、可持续的发展目标迈进。

3.3.1.6　生物质能利用技术

1. 技术的环境适应性

生物质能利用技术是乡村地区可再生能源战略的重要组成部分,其在环境适应性方面表现出色。热化学转换技术可以将当地农业副产品、林业废弃物转化为木炭、焦油和可燃气体,适应于资源丰富的乡村环境。生物化学转换法则将有机废弃物转化为沼气和酒精,适合于需要处理大量有机废弃物的地区。这些技术的灵活性使得乡村地区能够根据自身条件选择最适合的生物质能转换方式。

2. 经济与能效比

生物质能利用技术能够将乡村地区丰富的生物资源转化为能源,提供了经济高效的能源解决方案。通过本地资源的转换,可以降低能源的运输和购买成本,同时提供了能源的经济利用途径。生物化学转换法在家庭和小社区中的应用,如通过沼气炉灶,还能显著提高能源使用效率,减少环境污染。

3. 对乡村发展的促进作用

生物质能技术的推广对乡村地区的经济发展有着显著的促进作用。这些技术不仅能够满足乡村地区的能源需求,而且能够增加农民的收入,促进农业废弃物的有效利用,带动相关产业链的发展。致密成型技术和垃圾焚烧技术的应用,可以转化废弃物为能源,减少环境污染,同时创造新的就业机会。

4. 技术的可持续性

生物质能技术是一种可持续的能源解决方案,特别是在乡村地区。它不仅有助于减少对化石燃料的依赖,减缓气候变化,还能改善当地的生态环境。生物质炉灶和锅炉的广泛使用可以减少室内空气污染和森林砍伐,保护生物多样性。长期来看,这些技术有助于实现乡村地区的能源自给自足,增强社区对能源供应的控制能力,支持乡村地区的环境和经济可持续发展。

5. 技术前沿:生物质能利用技术——二代生物柴油(HVO)

三聚环保新材料股份有限公司经过多年的研发努力,开发出了悬浮床 HVO 生产技术、生物质直接液化技术和 HVO 生产生物航煤技术,如图 3-2 所示,并建立了较高的技术壁垒。三聚环保新材料股份有限公司与莒县国有资本控股集团有限公司共同投资建设的 40 万 t/a 生物能源项目顺利投产,总建筑面积 36 万 m^3,项目建设内容包含生物原料预处

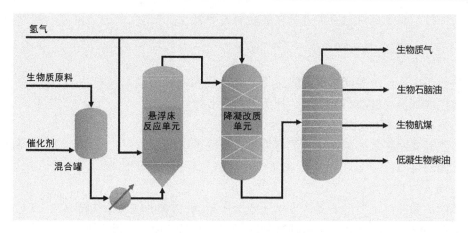

图 3-2 生物质能利用技术——二代生物柴油(HVO)

理装置、40 万 t/a 生物燃料加氢装置、配套制氢装置、污水处理装置,以及罐区、装卸车等公用工程辅助设施。项目达产后,山东三聚生物能源有限公司将具备 40 万 t/a 生物燃料生产能力,将是全国规模最大的生物能源生产企业,也将成为全国绿色能源战略产业示范区及碳减排示范区,为山东省新能源产业创新发展和新旧动能转换作出贡献。

三聚环保用于出口欧盟的 HVO 全部来自于酸化油、地沟油等废弃生物质,从原料、生产到销售环节全部通过 ISCC 认证,碳减排率可达 85%以上。

3.3.1.7 能源基础设施

1. 智能微电网技术

1)技术的环境适应性

智能微电网技术在乡村地区展现出显著的适应性,该技术能够有效地整合和管理多种能源来源,如太阳能、风能和生物质能。特别适合地理位置偏远或电网覆盖不足的乡村地区,提供稳定、可靠的电力供应,减少能源输送过程中的损耗。

2)经济与能效比

智能微电网的经济效益体现在降低能源成本和提高能源利用效率上。尽管初始建设成本可能较高,长期来看,通过优化能源管理,这些系统能够显著减少能源浪费,提高整体能效,降低运营成本。

3)对乡村发展的促进作用

智能微电网技术保障乡村地区的能源安全性和自给自足,支持当地可再生能源的开发和利用,创造就业机会,鼓励当地居民参与能源管理和环保活动。

4)技术的可持续性

智能微电网作为一种可持续能源解决方案,可减少乡村地区对化石燃料的依赖,降低碳排放,促进对生态环境的保护。它还支持乡村地区在能源供应方面的独立性,减少环境影响,提升乡村地区的整体可持续发展能力。

2. 新能源并网技术(尚未成熟)

1)技术的环境适应性

新能源并网技术仍处于发展阶段,旨在有效整合新能源如太阳能和风能到现有电网中。这项技术对于乡村地区来说具有潜在的重要性,尤其是在资源丰富但电网不稳定的区域。

2)经济与能效比

虽然当前新能源并网技术可能面临技术挑战和较高的成本,但其未来发展有望降低能源输送成本,提高能源利用效率,从而带来经济效益。

3)对乡村发展的促进作用

新能源并网技术的成熟和普及将为乡村地区的能源转型提供支撑,有助于提高乡村地区能源的可靠性和安全性,同时促进当地经济和环境的协调发展。

4)技术的可持续性

新能源并网技术的发展支持乡村地区向低碳、可持续的能源系统转型,减少对化石燃料的依赖,降低碳排放,实现乡村地区的环境保护和可持续发展目标。

3.储能技术(起始阶段)

1)技术的环境适应性

储能技术目前还处于起始阶段,对于乡村新能源应用具有显著潜力。储能技术能够解决可再生能源如太阳能和风能的间歇性问题,保证电力供应的稳定性。

2)经济与能效比

当前储能技术可能面临较高的成本和技术挑战,但随着技术进步,其成本预计会降低,能效比将提高。长期来看,储能技术将成为经济高效的能源管理工具。

3)对乡村发展的促进作用

储能技术的引入将极大提高乡村地区对可再生能源的利用率,促进能源的独立和自给自足,支持乡村地区经济的绿色发展。

4)技术的可持续性

储能技术对于实现乡村地区的可持续能源系统至关重要,它有助于平衡能源供需,减少对化石燃料的依赖,降低环境影响,为乡村地区的长期可持续发展提供支持。

在推进乡村振兴和实现碳中和的宏伟蓝图中,"增加新能源技术"是碳乡融合模式中至关重要的一环,它是向绿色能源过渡的战略举措,也是促进乡村经济社会可持续发展的关键步骤。新能源技术的增加不仅是对乡村地区能源结构进行现代化升级的实际行动,也是实现乡村振兴与碳中和战略的重要支撑。新能源技术将为乡村地区建立起环保、高效、稳定的能源供应体系,推动社会经济发展与环境保护的双赢。随着技术进步和成本下降,新能源技术将在乡村地区扮演越来越重要的角色,成为乡村社区生活的有机组成部分。

3.3.2　增加生态碳汇技术

在很多地区,美丽乡村转化美丽经济路径过于单一,要创新生态产品价值实现的体制机制,开发乡村碳汇产品,借此创新发展美丽经济,推动乡村振兴。现有碳汇技术中以林业、湿地、农业、草地固碳为主,通过完善的碳汇监测体系、建立碳汇交易平台、加强碳汇技术研发,实现碳汇提升。本节将从"碳汇效率与增长潜力、技术的适应性、生态系统服务提升"这三个方面来重点介绍以下8种乡村增加生态碳汇的技术:

(1)农业固碳:①改善农业管理(保护耕作、秸秆还田、草畜平衡)。②发展循环农业(种养循环、农牧结合、农林结合)。③推广生物碳(固碳减排,提高农田土壤产出)。④推广涂层种子(抑制发芽,控制种子发芽时间)。

(2)湿地固碳(湿地碳存储)。

(3)林业固碳:植树造林(发展碳汇林)、发展林下经济、退耕还林。

(4)草地固碳:草原碳库、退耕还草。

(5)碳汇技术研发:启动造林碳汇开发试点、加强林业碳汇基础技术研究。

(6)碳汇监测体系:林业碳汇计量监测体系建设规范、林业碳汇计量监测成果报告。

(7)绿色金融支持:林业碳汇指数保险、林业碳汇收益权质押贷款、其他林业碳汇融资产品。

(8)碳汇交易平台:地方碳汇交易平台(碳市场交易试点)、全国碳汇交易平台。

3.3.2.1 农业固碳

农业固碳包括:①改善农业管理(保护耕作、秸秆还田、草畜平衡)。②发展循环农业(种养循环、农牧结合、农林结合)。③推广生物碳(固碳减排,提高农田土壤产出)。④推广涂层种子(抑制发芽,控制种子发芽时间)。

1. 碳汇效率与增长潜力

改善农业管理:保护耕作、秸秆还田和草畜平衡是改善农业管理的关键措施。保护耕作通过减少土壤扰动,提高土壤的有机碳储量和促进碳的长期固定。秸秆还田增加土壤有机质,提高土壤的碳汇潜力,同时减少农业废弃物焚烧带来的二氧化碳排放。草畜平衡通过养分循环,增强土壤和植被的碳吸存能力,为农业固碳提供了持续的动力。

发展循环农业:种养循环、农牧结合和农林结合等循环农业模式,通过多元化生产系统增强土地的生产力和生态稳定性,增加生物质的积累和碳固存。这些方法有利于建立自给自足的农业生态系统,具有显著的碳汇增长潜力。

推广生物碳:生物碳技术通过将作物残留物和有机废弃物转化为生物炭,固碳效率高,改善土壤质量,增加农田产出。生物炭的稳定性意味着它能在土壤中长期存储碳,对农业长期的碳汇潜力贡献巨大。

推广涂层种子:通过控制种子发芽时间,涂层种子技术能够优化种植时机,提高作物的生长效率和产量,间接提升土壤的碳吸存能力。

2. 技术的适应性

改善农业管理:适应不同的土壤类型和农业生产模式,具有较高适应性,可以根据不同乡村地区特定的农业条件进行调整。

发展循环农业:循环农业的模式根据当地资源的可利用性和社区的需求设计,具有极强的适应性,可以有效地与当地的自然和社会经济条件相结合。

推广生物炭:生物炭技术适用于各种农业生产系统,尤其适合有机废弃物多的地区。

推广涂层种子:涂层种子技术可以适用于不同气候条件和种植季节,灵活性高。

3. 生态系统服务提升

改善农业管理:通过减少土壤侵蚀和提高土壤有机质含量,改善水源涵养、生物多样性保护和农田景观。

发展循环农业:循环农业增强了生态系统的自我维持能力,提高了生态系统对气候变化的适应性和抵抗力。

推广生物碳:生物碳作为土壤改良剂,能够显著提升土壤质量,增加土壤的有机质含量,这有助于提高作物的产量和抗逆性,同时增强土壤的水分保持能力和养分利用率。通过改善土壤结构,生物碳有助于土壤保水和减少水资源流失,这对干旱地区尤为重要,能够提高农业系统对干旱和水资源短缺的适应能力。生物碳的使用有助于创造更为肥沃和健康的土壤环境,这样的环境可以支持更多种类的植物和微生物,增加农田生态系统的生物多样性。生物碳的稳定性意味着其在土壤中的碳能够长期存储,减少了二氧化碳及其他温室气体(如甲烷和氧化亚氮)的排放。

推广涂层种子:涂层种子技术能更准确地控制种子的发芽时间,有助于同步作物生长,优化农业资源的使用,减少因不均匀成熟导致的资源浪费。通过控制发芽时间,更有效地规划施肥和使用农药的时间,减少对环境的影响,降低化学品对土壤和水质的长期影响。涂层种子技术在不稳定的气候条件下为作物提供保护,减少因天气变化造成的作物损失,增加农业系统的稳定性和可靠性。通过精准控制作物的生长周期,涂层种子技术有助于维持田间生物的平衡,例如,通过避免作物在病虫害高发期发芽,可以降低农作物的病虫害风险。

3.3.2.2　湿地固碳(湿地碳存储)

1. 碳汇效率与增长潜力

湿地作为碳汇:乡村湿地是自然界中最有效的碳汇之一。湿地通过植被的生长和有机质的积累,能够长期固定和储存大量的碳,减缓大气中二氧化碳的增加。

增长潜力:随着湿地恢复和保护项目的推广,湿地固碳的潜力有望显著提升。通过恢复退化湿地、扩大湿地面积,以及提高湿地生态系统的质量,显著增加碳的固定和储存。

2. 技术的适应性

多样化湿地环境:湿地固碳技术适用于多种湿地类型,包括沼泽、泥炭地、湿地公园等。不同类型的湿地在不同的气候和地理条件下均能有效运作。

适应性管理:湿地固碳技术的实施需要考虑当地的环境条件,如水文周期、土壤类型和植被组成,以最大化其碳固存能力。

3. 生态系统服务提升

生物多样性保护:湿地是重要的碳汇,也是生物多样性的热点。湿地的保护和恢复有助于维持和增强生物多样性,为多种水生和陆生物种提供栖息地。

水质净化与水资源调节:湿地具有天然的水质净化功能,能够过滤和净化流经的水体,改善水质。同时,湿地还能调节水资源,减轻洪水和干旱的影响。

提供生态服务:湿地提供了多种生态服务,包括休闲娱乐、教育研究,以及作为自然的碳捕捉和储存系统。

3.3.2.3　林业固碳:植树造林(发展碳汇林)、发展林下经济、退耕还林

1. 碳汇效率与增长潜力

植树造林(发展碳汇林):植树造林活动尤其是发展碳汇林,通过选择高碳吸存能力的树种和科学的林业管理实践,显著增加森林生态系统的碳存储量。碳汇林的发展还包

括保护现有森林资源,防止森林退化和砍伐。

发展林下经济:林下经济提供经济收益,有助于提高森林地区的碳汇效率。通过合理规划利用林地,例如种植药材、食用菌等,既能增加生物多样性,也能促进森林的健康和生长,进一步增强碳吸存能力。

退耕还林:退耕还林项目通过将农田恢复为森林或草地,有效增加土地的碳吸收能力。这种做法有助于恢复生态系统,改善土壤质量,并长期固定大量的碳。

2. 技术的适应性

林业固碳技术在适应性方面表现出显著的优势,它能够灵活应对各种环境条件,在不同的地理和气候背景下有效实施。

首先,林业固碳技术能够适应不同地区的气候特征。在温带和寒带地区,可以选择耐寒的树种进行植树造林,如松树和云杉,而在热带和亚热带地区,则可以选择如桉树、橡胶树等快速生长的树种。针对不同的降水量和土壤类型,林业管理实践可以相应调整,以确保最佳的生长条件和碳吸存效果。

其次,林业固碳技术能够适应不同土地利用现状和经济发展需求。例如,在退耕还林项目中,可以根据地区原有的农业活动和土地特性来选择适宜的树种与恢复方法。在发展林下经济的过程中,不仅考虑到生态效益,也考虑到当地居民的经济需求,通过合理利用林地来平衡生态保护和经济发展。

林业固碳技术在适应性方面还体现在对生物多样性的维护上。通过科学的种植策略和林地管理,不仅能增强森林的碳吸存能力,还能保护和增强生物多样性。例如,通过混交林的建立和本地树种的选择,可以提升森林生态系统的复原力和稳定性。

3. 生态系统服务提升

林业固碳技术在提升生态系统服务方面发挥着重要作用。森林生态系统不仅是有效的碳汇,还提供生物多样性保护、水土保持、空气质量改善等多项生态服务。发展林下经济还能增加生态经济的多样性,提供可持续的经济发展机会。退耕还林则有助于恢复退化的土地,改善生态环境,提升地区的整体生态福祉。

3.3.2.4 草地固碳:草原碳库、退耕还草

1. 碳汇效率与增长潜力

草原碳库:草地作为一个重要的碳库,具有显著的碳汇效率。草地通过光合作用吸收二氧化碳,并将碳储存在其生物质和土壤中。草原碳库的潜力在于其广阔的面积和草本植物的快速生长周期,它们能够在短时间内固定大量的碳。草地的碳汇潜力还包括其长期的碳储存能力。不同于森林,草地生态系统中的碳很大一部分被储存于土壤之中,即使表层植物被移除,碳仍然能够长期储存在土壤中。

退耕还草:退耕还草项目通过将耕地转变为草地,有效地提高了土地的碳吸收能力,恢复退化土地,增加土壤有机碳含量,提高碳汇效率。退耕还草的增长潜力在于能够将大面积的低效或退化耕地转化为有效的碳汇。

2. 技术的适应性

草地固碳技术具有较高的适应性,能在不同的气候条件和土壤类型中实施,从干旱地区到湿润地区均可适用。草地的管理和恢复策略可以根据当地环境条件进行调整,以最

大化其碳固存能力和生态效益。

3. 生态系统服务提升

草地作为重要的生态系统,除作为碳汇的功能外,还提供了其他多种生态系统服务。例如草地有助于土壤保持、水源保护和生物多样性维持。草地的健康维护也对防止水土流失和荒漠化具有重要作用。

退耕还草项目通过改善土地覆盖,增强了生态系统的稳定性和复原力,维持地区生物多样性,也为当地居民提供了休闲和旅游等附加价值。

此外,健康的草地还可以改善气候调节,增加空气质量,并作为重要的水文调节系统,维持当地水循环和水质。

3.3.2.5　碳汇技术研发:启动造林碳汇开发试点、加强林业碳汇基础技术研究

1. 碳汇效率与增长潜力

启动造林碳汇开发试点:造林碳汇开发试点是探索森林作为碳汇的有效途径。通过试点项目,可以试验不同树种、林地管理策略以及造林技术对碳固存能力的影响。试点的目的在于发现最高效的森林碳汇创建和管理方法,以期在更广泛的区域内推广。试点项目还提供了评估不同造林方法在各种地理和气候条件下的碳汇效率的机会,为未来的碳汇增长潜力提供了宝贵的数据和经验。

加强林业碳汇基础技术研究:林业碳汇的基础技术研究聚焦于提升林地的碳吸收和储存能力,包括研究不同树种的碳固存能力、土壤碳储存机制,以及林业管理实践对碳循环的影响。

2. 技术的适应性

碳汇技术研发特别强调适应性,确保其成果能够在不同的环境条件下实现最佳效果。需要考虑不同的土壤类型、气候条件、地形和生态系统特征来优化造林策略和管理实践。

研究也关注于如何使碳汇技术适应社会经济条件,包括考虑地方社区的生计需求和文化习俗,确保碳汇项目的可持续性和社会接受度。

3. 生态系统服务提升

造林碳汇开发试点和林业碳汇研究专注于碳固存,也致力于增强森林生态系统提供的其他服务,如生物多样性保护、水土保持、空气质量改善和休闲娱乐。研究和试点项目的实施有助于恢复和强化森林生态系统的健康与复原力,从而提供更广泛的生态系统服务,增加生态福祉,并为当地社区带来长期的环境、经济利益。

3.3.2.6　碳汇监测体系:林业碳汇计量监测体系建设、林业碳汇计量监测成果报告

1. 碳汇效率与增长潜力

林业碳汇计量监测体系建设:碳汇监测体系的建立对于评估和提升林业碳汇的效率起到促进作用。通过精确测量森林生态系统中碳的储存和流动,为林业碳汇的量化提供了科学依据。有效的监测体系揭示不同林业管理实践对碳固存能力的影响,指导未来林业活动的优化,增强碳汇增长潜力。

林业碳汇计量监测成果报告:监测成果的报告对于了解当前林业碳汇的实际情况和效果的成果产出,提供了林业碳汇项目实施效果的透明度和可信度,为政策制定者、科研机构和相关利益方提供重要信息,帮助他们了解碳汇项目的实际成效和潜在改进空间。

2. 技术的适应性

碳汇监测体系需要具备高度的适应性,以适应不同的森林类型、气候条件和地理环境。监测方法和技术应能灵活调整,以确保在不同条件下都能有效地测量和报告碳储存量。监测体系的适应性包括对不同林业管理实践和政策变化的响应能力,确保监测结果能够反映实际的林地管理和碳汇策略变化。

3. 生态系统服务提升

林业碳汇监测体系对碳汇管理不可缺少,对整个森林生态系统的健康和服务均有积极影响。通过监测,可以更好地理解森林生态系统在碳循环中的作用,以及其对生物多样性、水土保持和其他生态服务的贡献。

3.3.2.7　绿色金融支持

林业碳汇指数保险:通过评估和保障林业碳汇项目的风险,如自然灾害或市场波动,提高林业项目的吸引力。碳汇指数保险的目的是降低林业项目的风险,吸引更多投资者参与。它的创新之处在于将林业碳汇的风险量化,提供相应的风险管理工具,支持林业碳汇项目的可持续发展。

林业碳汇收益权质押贷款:将林业碳汇收益权作为质押,提供贷款,解决林业项目在前期资金不足的问题。这种贷款模式利用了林业碳汇的潜在经济价值,提高了林业项目的融资能力,为林业项目提供了新的资金来源,加速林业碳汇项目的实施和扩展。

其他林业碳汇融资产品还包括绿色债券、碳信用贷款等,这些产品都是通过将林业碳汇的环境价值转化为经济价值,以吸引更多私人和公共部门投资。

3.3.2.8　碳汇交易平台:地方碳汇交易平台、全国碳汇交易平台

碳汇交易平台的建设是实现碳市场有效运作的关键环节,旨在为碳汇项目提供一个透明、高效的交易环境。

1. 平台功能与结构

交易机制:碳汇交易平台提供一个标准化的市场环境,使得碳汇的买卖双方能够轻松地进行交易。这涉及碳信用的生成、验证、交易和退休等一系列流程。平台需要确保这些流程的透明度和一致性,以增强市场的信任度。

定价机制:平台通过供求关系来确定碳汇的价格。定价机制需要反映碳汇项目的真实环境价值,并考虑市场需求、政策影响和其他经济因素。合理的定价机制可以激励更多的碳汇项目参与市场。

信息披露与透明度:交易平台需要提供充分的信息披露,包括碳汇项目的详细信息、交易记录和价格变动。高透明度能够增强市场参与者的信心,降低交易风险。

2. 技术支持与监管

技术基础设施:构建碳汇交易平台需要强大的技术支持,包括安全的交易系统、有效的数据管理和分析工具。区块链等先进技术的应用可能增强交易的安全性和透明度。

合规性与监管:碳汇交易需要遵循严格的规则和标准,以确保市场的公正和有效。监管机构应制定明确的指导原则,对碳汇的验证、交易和监控进行规范。

3. 与全球碳市场的接轨

碳汇交易平台的建设不仅是国内市场的需求,也是对接全球碳市场的重要步骤。随着全球对碳减排的共识增强,碳汇交易平台将成为国际碳市场的重要组成部分,有助于推动全球碳减排合作和碳市场的发展。

当然,碳汇交易平台的建设是一个复杂的过程,涉及多个方面的考量,包括市场机制、技术支持、政策监管以及社会教育等。这些因素共同作用,确保碳汇交易市场的健康发展,支持全球碳减排目标的实现。

乡村生态碳汇增加技术作为一项综合性的战略,它涵盖了多种方法和措施,以实现乡村碳中和目标。乡村生态碳汇增加技术提供了生态系统服务、经济机会和社会可持续性的多重益处。通过综合运用这些技术,乡村地区迈向碳中和目标更进一步,在生态和经济方面蓬勃发展,带来乡村地区的可持续未来。

3.4 社会参与和共识建立

在碳乡融合的道路上,社会参与和共识建立是至关重要的里程碑。碳乡融合不但作为一项技术性任务,更是一个复杂的社会过程,需要政府、社区、企业、非政府组织(NGO)等各利益相关者之间的密切协作与共识达成。本节将深入研究碳乡融合中社会参与的机制、工具和关键角色,以及共识建立的重要性。探讨这些关键问题,可以更好地理解碳乡融合过程中社会参与和共识建立的复杂性,为碳乡融合的成功提供有力支持。本节深入研究这一关键领域,共同探讨碳乡融合的社会动力学。

3.4.1 利益相关者的识别和分类

在碳乡融合的复杂体系中,识别和分类各种利益相关者是重要步骤,他们的参与影响着决策过程和最终结果。这些利益相关者涵盖了政府、农村社区和农民、企业和产业界、非政府组织(NGO)等多个领域。只有深入了解他们的需求、利益和期望,才可以更好地理解碳乡融合中的社会动态,并为建立共识提供有力支持。

- **政府角色与责任**

政府在碳乡融合中扮演着关键角色,涉及政策制定、资源分配、监管执行和利益平衡等多个方面。政府需制定灵活可持续的政策,如设定减排目标、推动能源转型、建立碳交易机制,为碳乡融合提供法律和方向指引。同时,政府负责合理分配财政资金、人力和技术资源,特别是考虑农村社区和农民的特殊需求。在监管和执行方面,政府需确保碳减排项目的合规性和有效性,建立有效监管体系,防止不当行为。政府还需在不同利益相关者间创造平衡,倾听各方声音,解决利益冲突,促进合作和共识。政府的决策和行动直接影响碳乡融合成果,应积极应对挑战,引导乡村走向可持续发展。

- **农村社区和农民**

农村社区和农民是碳乡融合的核心利益相关者和直接实施者,他们对经济收益、生态保护和社会公平高度关注。他们通过参与碳排放权销售、碳交易市场及碳汇项目,不仅寻求改善生计,还期望促进本地生态和可持续发展。农民渴望参与决策过程,公平分享碳项目收益,确保他们的需求和利益被考虑和尊重。政府和其他利益方应与农民紧密合作,设计符合当地需求的项目,实现真正的共赢。只有当所有利益方共同参与并达成共识时,碳乡融合才能成功,推动实现可持续的农村发展。

● 企业和产业界

碳乡融合为企业带来新商机,企业可通过参与碳交易减排并获利。随着消费者和投资者对可持续产品的需求增加,企业应对市场趋势作出积极响应,以获得更大市场份额和竞争优势。同时,企业需认识到自身的社会责任,通过减少碳排放、支持碳汇项目和采用可持续生产方法,降低环境影响,提升社会可持续性。这不仅满足消费者、投资者和政府的期望,还能改善企业声誉,为长期发展创造有利条件。企业在碳减排和碳汇项目实施中扮演关键角色,对地球生态和社会贡献重大。

● 非政府组织(NGO)和社会团体

在碳乡融合过程中,非政府组织(NGO)和社会团体扮演关键角色,作为监督者和推动者,他们确保政府和企业履行碳减排承诺。以其独立性和中立性,推进环保意识和气候行动,促进社会广泛参与。他们不仅作为信息传递者和意见领袖,提升公众对碳减排的认识,还通过组织活动,引导低碳生活,普及碳减排行动。作为倡导者,非政府组织(NGO)和社会团体代表环保和公众利益,推动政策改革,促进可持续发展。他们协调不同利益相关者,促进合作,形成协同行动,构建有序的碳乡融合体系,推进碳减排和生态保护。

3.4.2 社会参与机制与工具

● 公众听证会和社区磋商

公众听证会和社区磋商作为社会参与的重要机制,提供了一个开放透明的平台,允许政府、企业和公众就重大决策和项目进行交流协商,有助于建立共识、解决争议,并提高项目的可行性与可持续性。这些机制确保了公众参与决策,增强了政策和项目的透明度及公众的信任感。

公众听证会和社区磋商通过以下方式促进社会参与和共识建立:

(1)提供参与决策的机会:公众可直接参与碳乡融合相关决策,确保其声音和关切被听取。

(2)建立共识和解决争议:帮助解决利益冲突,如土地使用和资源分配,减少社会冲突。

(3)提升项目可行性和可持续性:公众参与提供反馈,确保项目满足社区需求,促进长期成功。

(4)增强社区凝聚力和参与感:使社区成员感到尊重,增强归属感和社区内部协作。

通过这些机制,公众听证会和社区磋商不仅增强了社区的社会凝聚力,还为碳乡融合创造了良好的实践氛围,促进了各方共同努力实现碳减排和可持续发展目标。

● 利益相关者会议和合作平台

利益相关者会议和合作平台的建立是为了促进不同部门和多元利益相关者之间的协

同工作。这些平台提供了一个开放的交流空间,吸引政府、企业、农村社区、非政府组织等各方参与。通过定期召开会议、研讨会和合作项目,不同利益相关者可以分享信息、资源和最佳实践,共同探讨碳乡融合的战略和方案。这种跨部门和多利益相关者的协作无疑促进了碳乡融合策略的一体化形成,最大程度地发挥各方的专业优势,确保碳减排和可持续发展目标得以实现。

● 社交媒体和数字参与

社交媒体和数字工具已成为碳乡融合过程中的关键通信和参与手段。通过微博、微信等平台,政府、农民、企业及 NGO 等各方可即时互动、分享观点及建议,增强碳乡融合项目的透明度和参与度。除社交媒体外,在线调查、虚拟会议和协作平台等数字工具也扮演着重要角色,通过收集反馈、促进跨地区交流和信息共享,提升项目的效率和包容性。

为有效利用这些工具,建议采取以下措施:创建专门的碳乡融合社交媒体群组,促进各方讨论和互动;定期更新有关项目进展的信息,保持参与者的关注度和互动;利用在线调查和投票了解不同群体的期望,指导项目的决策;利用虚拟会议工具和协作平台促进远程合作;为相关利益方提供数字工具的培训,提升他们的数字技能;定期监测和评估社交媒体及数字工具的使用效果,根据反馈进行调整,确保这些手段的有效应用。

这些策略和措施有助于提升碳乡融合过程中的公众参与度,促进不同利益相关者之间的沟通与协作,推动项目的成功实施和可持续发展。

3.4.3　共识建立和冲突解决

在碳乡融合项目中,不同利益相关者的协调合作是确保项目成功的关键。这些相关者包括政府、农村社区、农民、企业和非政府组织,他们各自有不同的目标、期望和需求。共识的建立对于协调各方行动、解决冲突、提高项目可持续性及社会接受度至关重要。

首先,共识的建立确保各方能够协调一致地推动项目前进,避免冲突和合作障碍。这要求各方密切合作,确保行动一致。其次,通过共识,可以找到解决分歧的共同点,减少潜在冲突。此外,一致的目标和计划有助于确保项目的连续性和稳定性,同时提高其在社区中的认可度。

为了实现这一目标,需要通过定期的利益相关者会议、透明的决策机制、共同目标的设定以及有效的沟通来建立和加强共识。在处理冲突时,应识别并解决资源分配、环境影响和经济利益等潜在争议点。通过协商和谈判,明确资源分配原则,进行环境评估,并建立透明的经济机制,可以有效解决这些冲突。

在解决冲突方面,制定明确的解决流程,促进开放对话,确保决策过程的透明性,并在需要时引入第三方中介,是关键策略。这些措施有助于各方理解彼此的需求,寻找共同点,并共同推进项目的成功。

总体而言,碳乡融合项目的成功依赖于跨利益相关者的有效合作和共识建立。通过持续的努力和适当的冲突解决机制,可以确保项目的长期可持续发展,实现各方的共同目标。

第 4 章　碳中和新乡村的营建设计——以重庆地区为例

近年来,中国西南部的重庆市已成为环境保护和生态发展的战略重点。山城的自然环境和城市环境正面临着前所未有的挑战。由于地处长江和嘉陵江交汇处,加之作为重要的内陆航运中心和制造业基地,重庆在经济战略地位上的重要性与环境保护之间存在着相互关联的冲突。随着时间的流逝,重庆市面临的一系列挑战,如城市扩张、工业发展与自然资源的紧张关系,以及农业区域的环境脆弱性,都加剧了对城乡住区管理的难度。这个极具价值的生态系统和包括农业区的内在脆弱性亟待解决。这些挑战在不断累积,导致了在维持生态平衡的同时实现经济的持续健康发展变得愈发复杂和艰难。这一充满挑战的情况不仅关系到以重庆为代表的长江中上游地区,中国其他地区乃至国际范围都面临相同问题,加强城乡之间的联系和互联互通在这些地方显得尤为重要。自 2007 年以来,中国在推动生态城市建设方面取得了显著成就,经过二十多年的城市扩张,中国开始转向重新关注在经济快速增长中解决以牺牲土地和环境为代价以及逐步缩小城乡之间不平等差距等问题。因此,提出建立更加平衡的城乡关系的方法变得越来越迫切。

本章旨在提供一份指导重庆地区实现"碳乡融合"战略下的碳中和新乡村建设的综合设计手法,深入探讨如何应对乡村发展进程中的无序扩张、规划乱象、贫困、不平等、污染和气候变化等挑战,并强调在"碳乡融合"框架下应对这些挑战的方法和策略。希望通过本章能为相关领域的专家学者和政策制定者提供实用的参考指导,促进乡村地区的可持续发展和环境保护。

整个项目结合了重庆乡村地区的实际情况,分析并确定了碳中和乡村的结构要素,说明了规划、实施和管理能源与资源高效型乡村地区的发展战略,旨在开发一种综合方法,将气候条件、土地利用、地方经济、可再生能源利用、零废弃物、水循环、生物多样性和交通结合起来,实现可持续的低碳住区系统。这些指导方针具有双重目标。一方面可用于帮助规范和编纂重庆乡村地区的生态规划原则;另一方面树立碳中和乡村营建规划的典范,在国家和国际层面上推广和复制到其他相关城镇。

为了实现上述目标,需了解以下概念:

- 净零碳排放

净零碳排放是指通过一系列措施,使人类活动造成的二氧化碳排放与全球人为的二氧化碳吸收量在一定时期内达到平衡,从而实现碳排放的净值为零。重庆由于工业化和城市化的快速发展,确实在一定程度上成为了碳排放密集型地区。

- 能源

2016 年重庆市能源消费总量显著,其能源结构正在向更清洁、更可持续的方向转变。重庆市制定了碳中和发展目标,强调在其未来的总体规划中采用可持续能源战略。这一战略包括大力推广清洁和可再生能源。预计到未来几十年,天然气将取代传统化石能源如煤炭和煤油,同时风能、太阳能和生物质能将满足更大比例的能源需求。

　　● **合理的规划原则**

　　任何低碳战略都需要基于合理的城市规划原则,着重考虑如何通过城市形态和系统设计来提高能源和资源效率。例如,采用以交通为导向的发展、实施混合用途规划区、保持适当的居住密度,这些措施都有助于实现住区的长期去碳化。同时,它们还代表了合理的居住区规划,显示了作为强有力的综合低碳发展战略和应对气候变化的重要工具的潜力。在住区设计中考虑气候预测,以增强社会、经济和环境面对未来气候变化的适应能力是必要的。

　　在重庆农村地区,由于缺乏长期规划,资源利用效率低下,生活条件恶劣,迫切需要制定规划指南,以优化碳绩效,实现可持续发展,这也是本书编写出版的目的——为重庆地区的碳中和乡村制定规划。本规划针对重庆农村的具体情况,以乡村规划和可持续技术为工具,实现净碳中和发展的目标。

　　规划政策应激励和规范综合低碳基础设施方法,在建筑物、社区、乡村、城镇或城市范围内促进能源效率、可再生能源、可持续交通、减少和管理废物、提高用水效率以及低碳经济和工业活动。众多的规划原则、激励措施、技术投资、商业法规和行为改变干预措施都可以支持低碳住区的实现,其中低碳住区可以量身定制,与整个城市和乡村地区的生活和耕作模式相互作用。可以特别关注乡村地区之间的能源和人流互动,包括食物、能源、商品和服务的流动。

　　● **城乡联系**

　　加强城乡联系对于可持续人类住区增长规划的效率至关重要。围绕城乡联系的优先问题通常在空间规划的背景下加以解决,重点是改善不同部门(如住房、能源、交通和工业)的一体化、领土凝聚力、城乡合作,改善发展系统和环境可持续性。可持续发展目标将城乡联系确定为潜在的变革性干预措施,通过加强城乡联系和建立农村服务中心来促进农村城市化,最终实现区域综合发展。

　　● **敏感的社会经济原则**

　　为了确保低碳战略能够惠及所有人,必须考虑经济、环境和社会的多重背景因素。这包括乡村地区的农业生计模式、文化遗产和社会结构的内在价值。社会公平是影响生活习惯和消费模式的一个关键因素,它与公共设施的均等分配密切相关。这一点对于提升生产和生活质量、确保基本服务的公平获取以及保护当地传统和制度极为重要。从乡村规划的视角出发,经济发展的走向与此紧密相联,需要良好规划的土地和经济体系的支持,以促进经济的持续和健康发展。

4.1　设计背景:重庆的过去和现在

　　● **国家和地方政策**

　　除可持续发展目标和联合国的全球政策框架外,指导方针还建立在国家和地方政策的基础上,并与之保持一致。2015年,中华人民共和国向《联合国气候变化框架公约》提交了气候变化行动计划,随后中国正式加入了《巴黎协定》。次年,中国发布了"十三五"

规划,概述了应对可持续发展挑战的目标和措施,包括气候变化、空气污染、城市化、生态系统和环境以及公众福祉。2016 年,国家发展和改革委员会、住房和城乡建设部发布了《重庆区域规划 2016—2020 年》报告,优先建设"绿色城市",特别是加快建设"海绵城市"、"森林城市"和"低碳生态城市"。同时,重庆市也提出了长期低碳目标,即减少碳排放,保护碳汇空间,目标是到 2025 年全市碳排放达到峰值,到 2040 年,预计碳排放总量将比碳排放峰值至少减少 25%。

- **地理**

重庆位于中国西南部,是一座地形复杂的山城。这里属亚热带季风气候,四季分明,夏季湿热,冬季较冷,春秋温和。重庆以其山地和丘陵地形著称,气温波动较大。

重庆拥有丰富的江河资源,地处长江上游,其独特的地理位置使其在中国西南地区的交通和物流中扮演着重要的角色。重庆港作为重要的内陆港口,其货物吞吐量在全国内陆城市中位居前列。

- **人口**

自 2000 年以来,重庆的人口从高出生率/低死亡率逐渐转变为低出生率/低死亡率,但人口仍保持稳定增长。重庆市作为人口大市,其人口增长主要受到外来人口迁移的影响。重庆市不仅是中国人口较多的城市之一,还涵盖了多个区县,总面积约 8.24 万 km^2,约占全国陆地面积的 0.86%。尽管土地面积相对较大,重庆市却容纳了数千万人口,其人口密度在中国内陆城市中属于较高水平。近年来,重庆市的中心地位不断强化,经济和人口向市中心和主要城区集中,形成了以市中心为核心的城市群。未来,重庆市的中小城市和城镇将随着多中心趋势得到进一步发展,经济机会和人口将更多地向周边城市和县区扩散。

- **城市化与基础设施**

过去 30 年间,中国的城市化率(以居住在城市地区的人口比例衡量)增长了近 2 倍,从 1978 年的 17.9%增至 2017 年的 58.5%。重庆城市群的常住人口城镇化率也有显著提升。这一比例为重庆成为重要城市群奠定了坚实的基础。作为国家中心城市,重庆在西南地区的地位突出。根据《重庆区域规划(2009—2020 年)》,到 2020 年,重庆地区城市化水平将达到较高水平,人均 GDP 得到显著提升,服务业比重显著增加。《重庆区域规划(2009—2020 年)》还要求将城市基础设施向农村延伸,实现城乡基础设施一体化;统筹城乡供排水、供气、供电、通信、垃圾和污水处理、区域防洪排涝、污染治理等重大基础设施建设;推进风电、潮汐、洋流等新能源基础设施建设。根据国家规划,新能源在整个能源结构中的比例要超过 4%。

- **土地所有权**

在重庆农村地区,土地主要分为开发用地和非开发用地两种。开发用地包括"建设用地""交通用地""基础设施用地""特殊储备用地"。非开发用地包括"农用地""永久基本农田""水体""特殊用地"。

- **土地利用变化**

过去 50 年中,重庆地区的耕地面积经历了大幅波动,其中城市对耕地的侵占是主要的土地利用变化。改革开放以来,重庆地区的耕地面积迅速减少。近年来,为了弥补耕地减少,中国政府在重庆地区实施了一系列土地利用转换政策,比如将一部分耕地转化为森林,并开垦新的水域用于农业。土地利用的变化极大地改变了区域生态系统的结构和格局,与水和气候调节相关的许多生态和环境风险也变得日益严重。

快速工业化和城市化也导致重庆地区淡水资源的面积和水量减少。此外,随着生活水平的提高和城市生态系统服务需求的扩大,城市化率的提高导致城市资源环境承载能力下降等问题将继续存在。尽管重庆曾经拥有丰富的耕地,但近 10 年耕地减少了 852 万亩,其中 92% 是由耕地转变为林地、园地、养殖坑塘等其他农用地的"非粮化"导致的,这一状况无法满足人口日益增长的需求,在未来 15 年内,这一趋势还将继续发展。土地的供需矛盾在重庆地区十分激烈,今后可能会更加突出。

● 社会经济趋势

重庆作为中国大西南地区的重要城市,为国家中心城市。作为内陆城市,重庆凭借其独特的地理位置和丰富的资源优势,成为西部地区的经济、交通和文化中心。它的气候非常适合农业生产。早在数千年前,人们就开始在这片多山的土地上进行农耕,尤其是种植水稻。重庆地区适宜的气候、丰富的自然资源以及独特的地理位置,使其成为中国农业和文明的重要发源地之一,并因此发展成为中国西南部人口众多、经济活跃的地区。

改革开放后,重庆地区的社会、政治和经济发生了巨大变化,农村地区发展迅速。经济改革之后,重庆地区的城市化进程开始加速。户籍制度的改革使更多农村居民进城务工,农村地区的工业化和小城镇的城市化压力也逐渐增加。

从 20 世纪 70 年代开始,重庆农村地区开始发展小型工业,如钢铁、机械、化肥等,为村民提供了除农业之外的就业选择。这种工业化和城市化的压力促进了农村地区的经济开发,鼓励人们从传统的粗放型耕作方式转向更为集约的耕作方式。尽管带来了收入差距的缩小,但也造成了温室气体排放增加、水和土壤污染等问题。此外,集约化耕作减少了必要的劳动力,导致乡村及其周边地区缺乏就业机会。重庆和其他周边城市吸引了大量求职者,进一步加剧了农村地区的人口流失,并增加了保留乡村文化特色的难度。尽管重庆地区居民的人均收入增长,但劳动力获取困难和缺乏协调的乡村规划实践导致了城乡之间的不一致。图 4-1、图 4-2 的数据显著表明重庆的人口和土地城市化比率都逐年增加。

城区也面临成长的挑战。尽管经济发展迅速,但广泛的社会变革和生活质量的提高给自然和农业生态系统带来了压力,影响了自然资源的再生能力和基本服务的提供。因此,重塑农村吸引力和实现城乡社区生活质量的平衡应是当前必要的政策行动之一。

● 气候变化

在过去几十年中,重庆地区经历了气候变化带来的重大影响,对该地区的环境和发展造成了冲击。

洪水:重庆地区位于长江上游,每年汛期都会面临洪水的威胁。由于地形多山,山洪和河流泛滥是常见的灾害。近年来,重大洪水事件频繁发生,给当地居民生活和经济发展带来了巨大挑战。例如,2010 年和 2016 年的洪水对重庆地区造成了严重影响。

高温:重庆因其独特的盆地地形而被称为"火炉城市",夏季高温酷热。近年来,随着气候变化,高温天气的频率和强度都有所增加。例如,2018 年夏季,重庆多日最高气温超过

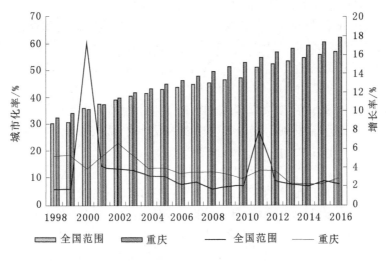

图 4-1　重庆的人口城市化

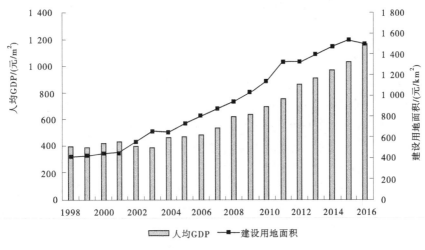

图 4-2　重庆的土地城市化

35 ℃,给人们的生活和健康带来了挑战。

干旱:除高温和洪水外,重庆地区还时常遭遇干旱。在某些年份,干旱对农业生产和饮用水供应产生了负面影响,尤其是在夏季高温期间。

这些极端天气事件凸显了重庆地区在应对气候变化方面面临的挑战,也强调了加强气候适应性措施和减少温室气体排放的重要性。

在上述背景的框架下,重庆作为中国西南部的重要城市,其特殊的地理、社会经济以及气候特征对于"碳乡融合"策略下的碳中和乡村设计营建具有多方面的影响和潜力。

(1)重庆的快速城市化和农村地区的工业化发展过程,尤其是户籍制度的改革和农村小型工业的兴起,不仅加速了城市化进程,也带来了城乡结构和功能的重大转变。这一转变在促进地区经济发展的同时,也带来了环境压力和生态问题,如水土流失、空气和水污染等,这些都是碳中和乡村设计营建需要重点关注的问题。

（2）重庆地区面临的气候变化挑战,如频繁的洪水、极端的高温和偶发的干旱,对农村社区的生活方式和生计模式产生了直接影响。这要求碳中和乡村设计不仅要考虑减少温室气体排放,还需要提高农村社区对气候变化的适应能力,保障农村居民的生活质量和生态安全。

（3）重庆的土地使用变化,尤其是农用地向工业用地和城市用地的转变,对区域生态系统造成了影响。这种变化使得实施碳中和乡村设计时,需要更加重视土地的可持续使用和保护,以及农业生态系统的恢复和维护。

"碳乡融合"策略下的碳中和乡村设计营建,应当基于对重庆地区城乡发展特点、气候变化挑战以及土地使用变化的深入理解和分析,采取综合性策略,以实现经济、社会和环境的可持续发展。因此,在乡村设计的蓝图中,不仅要追求碳排放的最小化和能源的高效利用,更要深入探索提升乡村社区对气候变化的韧性和生态系统的恢复力,以此为基石,打造一个在社会、经济与环境三者之间实现平衡与和谐共生的乡村新典范。

4.2　碳中和乡村设计的十大关键原则

4.2.1　重庆乡村潜力

在实现碳中和目标方面,重庆乡村展现出独特的潜力,体现在以下3个方面:

首先,生态农业的发展潜力。重庆乡村区域拥有丰富的自然资源和多样的生态系统,为实施生态农业提供了良好的条件。通过推广低碳、环境友好型的农业技术和实践,如生物质能的使用、有机农业以及土壤碳固定技术,可以显著提高农业生产的可持续性,增加碳汇,减少农业活动中的温室气体排放。

其次,乡村林业与植被恢复的机会。重庆的乡村地区具有进行森林保护、恢复和可持续管理的巨大潜能,这些活动能够有效增加森林覆盖率,提升碳汇能力。通过植树造林、退耕还林还草和森林抚育等措施,改善乡村的生态环境,促进生物多样性的保护和碳存储的增加。

最后,可再生能源的开发利用。重庆乡村地区拥有发展太阳能、风能和生物质能等可再生能源的巨大潜力。利用这些清洁能源可以减少对化石燃料的依赖,降低温室气体排放,同时为乡村地区提供新的经济增长点和就业机会。通过推广和应用可再生能源技术,重庆乡村可以实现能源的自给自足,为实现碳中和目标作出贡献。

4.2.2　碳中和乡村设计十项原则

为在重庆区域营建碳中和乡村,首先需要关注新发展的物理方面（结构、纹理、体量、布局）与气候和能源需求之间的关系。其次,必须识别并整合确保能源、水、废物和食物循环闭合所需的基础设施,以实现高水平的自给自足,创造出建筑环境的物理结构和形态与其所需的关键流动之间的关系。最后,应考虑和协调社会与经济维度,并与城市设计方法论和目标相融合,验证该模型对由期望的增长和发展所引发的可能转变的韧性。

在设计规划可持续的乡村发展时,应牢记:

(1)2050年实现全球温度增幅限制在1.5℃的目标,先决条件是新发展必须致力于实现碳中和排放。

(2)温室气体排放的关键驱动因素包括密度、城市布局和纹理、土地混合使用、能源、水、废物管理系统、食品生产。

(3)形态和基础设施不仅显著影响直接排放,还影响间接排放。

(4)实施循环经济原则。

(5)必须采用系统视角,乡村所有因素都相互关联、相互依赖。

可持续乡村设计的问题在全球范围内都在持续探索,已经产生了大量权威文献,主要关注社会经济和交通问题,后者由于其对能源消耗和空气污染的影响而受到关注,但通常忽视其与能源、水、食物和物料流动的互动,但这些却是聚落循环代谢的重要组成部分。为了完善这个目标,还必须添加与能源、材料、水和废物相关的特征,以涵盖聚落的整个代谢过程。通过利用结构(布局、形态、土地使用、材料、绿化)、能源、水和废物之间的互动,可以最小化运营聚落所需的资源流动,并同时使其更具韧性,从而更能应对气候变化的挑战。

上述概念框架可以概括为10个原则,应该在设计碳中和乡村时遵循:

(1)气候数据和温室气体清单。

(2)连接良好的混合用途节点。

(3)供暖和制冷。

(4)温室气体排放。

(5)可再生能源。

(6)水循环。

(7)固体废物。

(8)能源、水、食物和废物循环。

(9)就业机会和休闲。

(10)生态意识。

原则1:气候数据和温室气体清单

在设计碳中和乡村时,首先需要清晰地了解当前环境的基本状况。关键信息包括当地的气候特征和乡村活动对环境的影响,即气候数据和温室气体排放情况。

● 气候特性

一个地区的气候特性对建筑的能源需求(例如,供暖和制冷)及可再生能源的开发潜力具有重要影响。此外,当地气候还会影响到居民区的设计,例如采取何种措施来改善室外的舒适度,以及气候条件是否鼓励居民步行或骑自行车,这些都间接影响了交通排放。

重庆地区的气候特征是亚热带季风气候。在这一总体气候特征下,由于地形多山和不同海拔的变化,重庆各地的气候条件存在差异。这就要求在对每个目标乡村进行碳中和设计研究时,对其具体的气候数据进行细致的分析和考量。

· 太阳辐射与纬度的关系:太阳在天空中的位置不仅决定了建筑和户外空间的光照

模式,还影响了温度和能源需求。即使在同一纬度,不同地区的气候也可能因地理特征(如地形和海洋影响)而有所不同。

·主要气候参数:重庆的气候数据分析应包括太阳辐射、空气温度、相对湿度和风速,它们对于建筑的能源效率和室外环境的质量具有直接影响。例如,太阳辐射不仅影响建筑物的照明和供暖需求,还决定了太阳能设施的潜在效率。空气温度和相对湿度则是决定建筑内部空气调节和通风系统设计的关键因素。风速的考量对于风能利用及建筑自然通风系统的设计同样同等重要。

·季节性气候变化的影响:季节性气候变化对建筑的热平衡和能源需求产生显著影响。在冬季,太阳辐射和空气温度的低值要求建筑具有更好的保温性能和有效的供暖系统。而在夏季,高温和湿度使得建筑的冷却和除湿系统变得尤为重要。在这种情况下,适当的空气流动不仅能提高热舒适度,还有助于减少对机械制冷的依赖,进一步降低能源消耗。

·可再生能源的潜力:重庆的太阳辐射和风力资源为可再生能源提供了巨大潜力。利用这些资源不仅有助于减少对传统化石燃料的依赖,还能显著降低温室气体排放。例如,太阳能光伏板和风力涡轮机可以被集成到建筑和乡村基础设施中,为当地社区提供清洁能源。同时,这些可再生能源的利用也符合重庆追求碳中和的长远目标。

设计者需要对当地气候进行细致的分析,并在设计中考虑这些因素,根据气候数据制定策略,以优化建筑和户外空间,实现能源效率最大化和舒适度最优化。

● 温室气体清单

实现碳中和乡村的首要步骤是准确了解现状,即开展温室气体清单的编制。这一做法也是全球最大的地方性气候和能源行动运动之一——欧盟市长公约倡议所推崇的关键行动。目前,该倡议已经汇聚了全球 57 个国家超过 7 000 个地方和区域当局。在编制温室气体清单时,首先需要确定的是"碳"的定义,是仅指二氧化碳排放,还是包括二氧化碳当量(CO_2-eq)排放。第一种定义仅考虑了部分温室气体排放,而第二种则包含了所有类型的排放,比如一氧化二氮、甲烷和氟化物。

在开始进行清单编制之前,另一个需要决定的问题是确定清单的范围,即决定将哪些排放源纳入清单。欧盟市长公约倡议和温室气体议定书均提出了 3 个不同级别的清单范围:

(1)基础级别。这一级别的清单仅包括由于建筑物、工业或服务领域燃烧化石燃料产生的二氧化碳排放,以及由于使用电力和热能引起的二氧化碳排放,即使这些能源是在聚落外部产生的。

(2)更全面的级别。这一级别不仅包括二氧化碳排放,还包括甲烷、一氧化二氮和氟化气体等所有温室气体排放,以及土地使用变化的影响。例如,垃圾填埋场产生的甲烷排放、化肥使用引起的一氧化二氮排放等。

(3)最全面的级别。包括:①发生在聚居地边界之外但由聚居地居民进行的活动引起的间接排放,如飞机、火车或汽车旅行;②聚居地边界外废物的处理;③发生在聚居地外的水处理(饮用水处理和废水处理);④进入聚居地的材料和商品的提前排放,即这些材料和商品的生产和运输过程中产生的排放(对许多商品来说这是最难,甚至无法完成的任务）。

●设计建议

◇建立基本排放清单。实现碳中和的初始步骤为：

（1）明确界定乡村聚居地的物理边界，即确定清单所覆盖的具体区域。这一点至关重要，因为是否包含农业或工业活动，以及森林区域，将显著影响该乡村地区所归因的温室气体排放量。

（2）决策清单的范围，是仅包括二氧化碳排放，还是涵盖所有主要温室气体（包括一氧化二氮、甲烷和氟化物）。对于农村地区，由于一氧化二氮和甲烷排放量可能较高，推荐选择后者。

（3）选择清单的级别，建议采用第 2 级，并考虑纳入第 3 级的某些要素，如在聚居地边界外处理的废物和水，以及如果计划包括大量新建筑，则需要考虑建筑材料的体现排放。

◇确定实现碳中和的路径。从基线状态到达碳中和目标，制定并定期达成里程碑。

◇建立监测机制。欧盟市长公约建议参与的城市每 4 年对其排放清单进行一次监测，以检查其是否符合设定的里程碑，并识别潜在的关键问题。

原则 2：连接良好的混合用途节点

在设计可持续的乡村社区时，需要特别注意两个互相关联的设计原则：一是土地使用和环境类型的多样性；二是确保地方之间的良好连接性和易于访问性。这两个原则都与社区的密度密切相关。在乡村地区，提供方便的自行车和高效的集体及个人交通方式对于降低能源需求和消耗非常重要。

●密度

密度是规划乡村聚居地时关键但有争议的参数。它对温室气体排放的影响复杂且多变。虽然在城市规模上密度的作用更为显著，但在乡村地区，它主要影响如下方面：

・基础设施的覆盖范围，如供水、排水和电力设施，对居民的服务水平和经济以及能源消耗有重要影响，聚居地越密集，所需的网络和电网规模越小。

・土地使用，因为混合用途（工作、居住和服务彼此靠近）既减少了与交通相关的能源消耗，也减少了土地消耗，这也会影响二氧化碳排放（绿地消失）。

鉴于涉及的参数数量和系统的复杂性，乡村的最佳密度也应基于传统和文化相关的居住模式。此外，在选择与实现碳中和乡村目标一致的密度时，还需要优先考虑人类舒适度和文化遗产。

●连通性

传统上，乡村聚居地的空间布局通常受地理、生态、政治和文化因素细微差异的影响。这些空间布局包括土地使用和建筑类型已发展数百甚至数千年，构成了应被尊重的文化遗产。例如，条带式开发可能是一种更现代的现象，但它阻碍了非机动交通，并消耗了大量土地用于开发，而对数百年前乡村布局的审视揭示了更可持续的系统。传统布局和传统乡村提供的便利设施促进了更可持续的模式，村民能够在本地满足他们的日常需求，服务之间以及与住宅之间的连接良好，可以在短时间内步行到达。

● 混合土地使用

除保持与传统一致外,多种用途和服务的混合也是创造碳中和聚居地成功策略的关键,因为它与出行模式密切相关。如果最常访问的服务在住户周围合理分布,并且因合适的街道网络而易于到达,那么机动交通的使用将显著减少,因为它将被步行和骑自行车所替代,由此村民的健康状况将得到改善,他们见面也变得更容易,这对于增强人际互动、提高乡村生活质量大有裨益。

● 步行性:五分钟步行圈

密度、连通性和混合用途的适当平衡,使零碳村成为可步行的地方,即尽量减少机动车交通的地方,因为服务和设施都在可步行的距离之内,就像在传统村庄中一样:日常需求应在步行 5~10 min 内得到满足,但仍应尊重乡村价值,特别是村民与土地的联系。

因此,在设计零碳村时,步行便利性是首先要考虑的最重要的原则。所有的日常服务,包括零售和交通,都必须在离家步行 5~10 min(400~800 m)的范围内提供(见图 4-3),以便在正常情况下不需要乘车;对于很少使用的特殊服务或城市规模的功能(医院、剧院),出行预算时间可以更高。

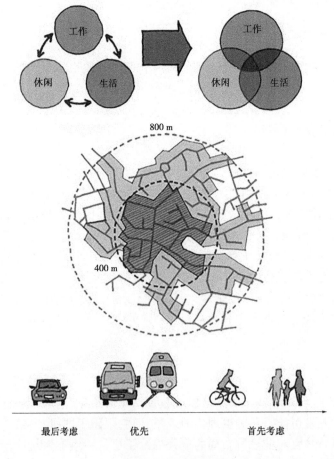

图 4-3　步行便利性设计

　　步行性是评估一个区域对行人友好程度的重要指标,而步行圈(通常指 5 min 步行圈或行人圈)虽然是其核心组成部分,但并不能全面反映一个聚落的步行性。为了更全面地评估步行性,还需要考虑以下几个关键因素:

　　(1)住宅密度:衡量社区密集程度的指标。较高的住宅密度通常意味着更紧凑的社区布局,有助于减少居民步行至各种设施的距离。

　　(2)商业密度:反映了区域内商业、餐饮、零售店铺以及其他商业用途的分布密度。区域内商业设施的多样性和丰富性越高,居民就越可能在附近找到满足日常需求的地方,降低对机动交通的依赖。

　　(3)交叉口密度:街道网络连通性的一个重要指标。它衡量的是路径或道路网络中交会点的密度以及路径之间连接的直接性。高交叉口密度意味着更多的行走选择和更直接的路径,有助于提高步行效率和便利性(见图 4-4)。

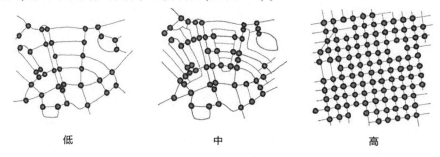

低　　　　　　　　　　中　　　　　　　　　　高

从左到右,连通指数递增。连通性好的道路或路径网络有许多短链路、众多交叉路口和最少的死胡同。随着连通性的增加,旅行距离缩短,路线选择增加。

图 4-4　连通指数的概念描述

　　(4)土地使用混合度:一个街区组内不同土地利用类型的多样性程度。土地使用混合度高意味着在一个相对较小的区域内,居民可以方便地访问多种类型的设施和服务,如住宅、商业、娱乐和教育设施。高土地使用混合度的区域通常具有便捷性、经济高效、社交互动、健康生活方式、环境可持续性等优势,提高了步行性。

　　设计建议包括:

　　◇居住单元与多样化土地使用的结合:确保至少 50%的乡村住宅单元位于 400~800 m 的步行范围内,并使其接近至少 4 种不同类型(零售商店、教育设施、娱乐场所和医疗中心)的土地使用。

　　◇当地食品市场的空间规划:在乡村规划中为当地食品市场预留空间,以支持当地农业并减少食品运输的碳排放。

　　◇社区中心的布局:将设有服务设施的社区中心放置在聚居地的中心位置,并确保其靠近公共交通节点,以便于居民出行。

　　◇优化街道设计:提供舒适宜人的街道景观,增强步行和骑自行车的吸引力。

　　◇鼓励可持续出行方式:通过创造自行车道和自行车友好街道的空间,并为每栋建筑提供安全封闭的自行车存放处,以增加步行和骑自行车的便利性。

　　◇自行车道与机动车道的比较:计算自行车道和自行车友好街道的总线性延伸长度,并将其与机动车道的总延伸长度进行比较,两者应至少持平,以确保可持续出行方式的可行性。

　　◇提供适宜的步行和骑行条件:确保行人和自行车道具有足够的遮阴和防雨设施,以促进低能耗出行方式,特别是在气候条件极端的日子里。

　　● 汽车可达性的变革

　　随着新区域的发展,出行模式将迎来显著变化。出于以下3个主要原因,私家车的使用预计将大幅减少:一是共享原则的兴起,适用于机动车(如共享汽车)和非机动车(如共享自行车);二是公共交通和可持续出行系统的日益便捷;三是对提高整体城市环境质量的追求。

　　碳中和乡村的吸引力在于其街道两侧没有停放的汽车和车库门。新的出行趋势强调电动车辆的广泛使用、不同交通工具的共享以及集成先进的信息通信技术(ICT)解决方案,这将显著减少流动车辆的数量,并减少对停车空间的需求。共享汽车(或未来的无人驾驶汽车)将更多地需要较小、分散的停车区。

　　设计建议包括:

　　◇避免在建筑物底层设置汽车停车场,以提高地面层的活力和美观,减少汽车对街道景观的影响。

　　◇在住宅区边界设无车区,在边界处设立多个停车场,以减少车辆对居民区的直接影响。

　　◇预见未来电动车共享趋势,为适应基于电动车共享(无论是传统还是自动驾驶)的新出行趋势做好准备。这意味着在乡村内部部署多个小型停车场,使其靠近住宅和服务设施,步行可达,并配备必要的充电设施。

　　● 街道类型

　　在碳中和乡村规划中,需重点考虑三种主要的道路类型:过境道路、接入道路和本地街道。重要的是要认识到街道设计不应单纯为满足汽车使用而统一化,而是需要综合考虑其他功能及当地的气候、社会文化和经济背景。因此,不同类型的街道应各自体现其功能特点。在重视乡村的本地特色时,应特别关注那些具有高接入比的接入街道(见图4-5)、本地街道(见图4-6)和人行道(见图4-7)。

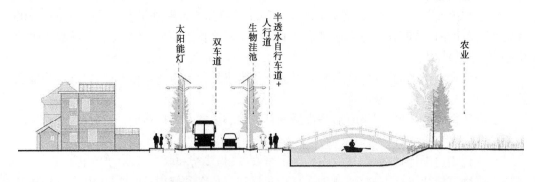

图4-5　高接入比的接入街道

　　设计建议包括:

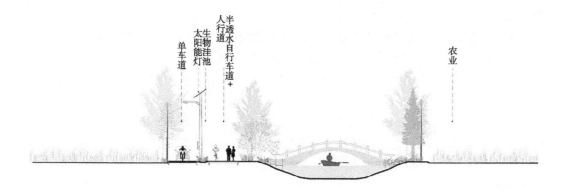

图 4-6　本地街道

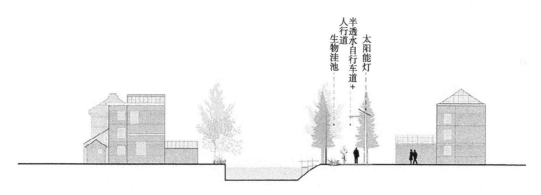

图 4-7　人行道

◇街道宽度的确定：在规划乡村街道时，应优先考虑行人和自行车骑行者的需要，确保街道设计能够适应这些用户，优于其他交通方式。

◇人行道的规模设计：在规划一个便于步行的乡村聚居地时，人行道的宽度至关重要。其规模不仅要根据人行道预期的使用活动来确定，还需考虑预期的行人流量。

●碳汇与绿地规划

在碳中和乡村规划中，考虑绿色区域的布局至关重要。这些区域不仅是大自然的展示窗口，也是生物多样性的重要保护地，对生态平衡、气候调节、美学价值和娱乐活动都具有重要意义。无论是区域性、乡村性还是家庭级别的绿地，都可以根据其规模和设计不同程度地满足这些需求。

公园和自然保护区是实现人与自然和谐相处的关键组成部分，它们具有生态价值，兼具教育和娱乐功能。尤其是森林和湿地等自然保护区除拥有丰富的生物多样性外，还担当着重要的碳汇角色。

乡村绿地规划：乡村绿地虽然多为人工创建，但同样重要。无论规模大小，乡村绿地的设计都应遵循自然法则，基于太阳能驱动的物质循环原则进行管理。

公共空间设计：公共空间如乡村公园、游乐场和休息区的绿化工作，不仅提升了夏季的室外及室内热舒适度，还有助于降低建筑物的冷却能源消耗。公园内的"冷岛效应"可显著降低周围建筑区的空气和表面温度。

绿地的灌溉需求:绿化项目需要考虑灌溉水源问题。为树木、公园和小型绿地提供足够水量,尤其在使用饮用水质量的水进行灌溉时,可能成为挑战。因此,植被管理与乡村水循环紧密相关,雨水利用和废水回收的分散式水管理对灌溉水的可用性和成本具有重要影响。

树木与绿色屋顶:树木不仅可提供阴凉,降低周边建筑的冷却需求,还能通过其树干、叶片和根系吸收并储存碳。绿色屋顶通过植被吸收热量和提供阴凉,降低屋顶表面和周围空气的温度,尤其在夏季效果显著。

农业的转型:农业活动是超越生态边界的主要因素之一,因此在碳中和乡村规划中,转变农业生产模式至关重要。通过结合传统农业实践和现代科技方法,可以将农业从碳排放源转变为碳汇或至少实现碳中和。

家庭规模的厨房菜园:家庭级别的小块土地种植蔬菜和水果,以及养殖家禽,是乡村生活的传统组成部分。这些家庭菜园不仅提供健康食物,还增加了总体绿化效果。在碳中和乡村规划中,应推广可持续的厨房菜园模式,教育居民实践可持续的农业技术,减少化肥和农药的使用。

设计建议包括:

◇确保在碳中和乡村聚居地提供一个中等大小的公园或者树木繁茂的街道或者分散的小绿地干预措施(盆栽绿植、绿色遮蔽、屋顶和墙面)。

◇在设计绿色空间和区域时考虑当地传统和物种。

◇尽可能广泛地使用树木,沿街道并在广场、停车区等地广泛种植绿化植物。

◇考虑绿色屋顶系统与绝缘良好的屋顶系统的比较,在衡量其总体益处时,需特别关注它们的生命周期成本。绝缘良好的屋顶系统能够降低冬季热量损失和夏季热量增益,因此需要将这些因素纳入考虑范围。

原则 3:供暖和制冷

碳中和建筑是实现碳中和乡村的先决条件。尽管重庆地区的乡村在供暖和制冷方面目前能源消耗较低,但随着人口规模的增加(包括居民和游客)以及经济状况的改善,可以明显预见供暖和制冷所需的能源将显著增加,因此采取减轻措施必不可少。这种情况是经济发展的自然结果,已经在各国广泛发生,改变了人们对舒适性的期望。例如,在所有欧洲国家,特别是第二次世界大战后经济腾飞的国家,人均供暖能源消耗都明显上升,当然中国也不例外,今天城市居民的人均能源使用量比农村居民高出 1.5~5 倍。

当地气候是决定供暖和制冷能源消耗以及相关二氧化碳排放的主要因素。因此,实现碳中和的乡村发展应当从气候友好型建筑设计着手,以最小化能源需求。另外,气候友好型建筑设计的有效性也受到建筑在聚集地区布局方式的影响,因为这对于确定所需能源量具有重要作用,原因如下:

(1)建筑的朝向对于在冬季合理利用太阳能和在夏季遮挡阳光至关重要。

(2)聚集地区的结构会影响当地气候。

● 气候响应型建筑设计

气候友好型建筑设计考虑到建筑需要能源来实现从不适宜居住到舒适居住条件的转变。这两种条件之间的距离越大,所需的能源量就越多。这个距离主要取决于外部气候条件,外部气候条件越极端,越不宜居,为了实现室内环境的舒适,就需要更多的能源来填补这一差距。然而,建筑的设计方式也在很大程度上决定了这一差距的大小。当建筑具备气候友好特性时,这一差距就会最小化。

一个建筑被认为具备气候友好特性,它能够与周围环境相互作用,以最小化冬季居民的不适,具体表现在以下方面:

· 在所有季节中适当平衡太阳能的吸收和热量散失。

· 有效地利用其热质量。

· 充分利用空气流动对夏季舒适度的积极作用。

气候友好型建筑能够最小化为实现舒适所需而必须增加或减少的热量流动,而不是将这些流动完全消除。因此,在碳中和建筑中,供暖和制冷系统的选择应基于其效率和其与建筑热特性的契合度。

为了满足图 4-8 中三角形基础的要求,设计师应遵循以下基本规则:

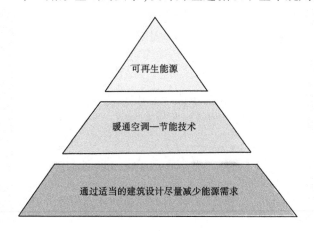

图 4-8　实现零碳高舒适度建筑的设计策略

(1)建筑形状和朝向是设计过程中的首要考虑因素。它们不仅是最关键的,还对热舒适度、视觉舒适度以及能源消耗产生最大影响。

(2)建筑的形状至关重要,因为建筑表面积与体积之比越高,热量的损失(和获得)就越大。建筑的朝向同样重要,因为窗户所接收的太阳能量和作为太阳能收集器的效率取决于建筑的朝向。最佳情况是,建筑立面朝南,以最大程度地利用太阳能。这也有助于在夏季更容易遮挡阳光。

(3)在确定建筑形状和朝向之后,第三个重要决策与建筑的外部保温质量、隔热性和开口(窗户、门等)的大小有关。

(4)太阳能收益、外部热量损失以及建筑材料的热惯性之间的相互关系对于建筑成为气候响应型至关重要,以实现最佳解决方案,需要根据当地气候特点进行调整。因此,获取准确的气候数据非常重要。

（5）实现碳中和的乡村发展要求现有建筑尽可能提高能源效率，同时新建建筑必须实现碳中和排放。因此，要求采取措施来最大程度地利用冬季太阳能，同时在夏季减小其影响，这可以通过适当的窗户尺寸和遮阳设计来实现。此外，通过改进建筑的保温性能和使用浅色墙壁等方式，可以减小冬季热量损失和夏季热量增益。设置日光室朝向南方还可以提高建筑的冬季性能，并确保它们能够完全打开，以避免夏季过热。在翻新现有建筑以提高能源效率时，虽然形状和朝向不可更改，但可以改善热质量和窗户的尺寸与类型，并添加隔热材料。

（6）窗户的尺寸和类型不仅影响建筑的冬季性能，还通过自然通风影响夏季性能。自然通风可以通过窗户、门或其他开口实现，无须使用风扇，它会根据室内外温差来调整室内空气流动，从而影响能量平衡和热舒适度。

（7）在夏季，气候响应型建筑需要采取遮阳措施，以减小建筑的热负荷。通过设置每层楼的悬挑来遮挡朝南的窗户，在夏季炎热的时期，尤其是 7—8 月，可以显著提高居住者的舒适度并减少制冷的能源需求。因此，适当的遮阳策略是气候响应型建筑的典型特征。

（8）有关气候响应型建筑设计策略和适用材料的宝贵建议可以从传统或当地建筑实践中获得。传统建筑通常最好地反映了当地气候，并考虑了可用资源，以在最小化能源需求的同时最大程度地提高舒适度。中国的历史建筑设计传统中已经嵌入了明智的定位和气候设计，这些传统建筑具有良好的定向和太阳能收益解决方案，可以为提高现有建筑的能源效率提供有益的启示。

设计建议：

◇优化朝南立面的窗墙比例（初步估计为 $0.3 < W_{wr} < 0.5$），以最小化供暖能源需求并最大化太阳能吸收。在考虑窗户比例时，考虑建筑的热质量和隔热性，以避免过热和浪费。

◇减少朝北立面的窗墙比例，但要确保满足采光标准，以减少冬季由于北风引起的热量损失和渗透。

◇在新建筑和现有建筑的翻新中，适当增加隔热包裹结构，考虑到隔热的成本将通过能源节省来抵消。

◇设计建筑中的窗户可以完全打开，以便利用夏季的自然通风，降低能源消耗。

◇为朝南的窗户设计合适的遮阳装置。根据长江三角洲的纬度，如果建筑立面完全朝南，可以考虑每隔 3 m 设置垂直悬挑，凸出约 0.9 m，或者使用不同的间距和深度，只要悬挑的间距和深度之比小于 3.3。这样可以在夏季遮蔽朝南的立面，但在冬季仍然允许阳光进入。

◇避免使用着色玻璃，以确保充分的自然光线进入建筑内部。

◇优化建筑的热质量、包裹结构颜色、隔热性、窗户大小和玻璃类型。将建筑视为一个系统，并使用计算机模拟评估其能源和舒适性能。

◇考虑在现有建筑中，在朝南的阳台上创建日光室，或者如果已经存在日光室，考虑使用双层玻璃替代单层玻璃，以提高能源效率和舒适度。

● 气候响应型聚居地设计

精心规划气候响应型聚居地的设计对于碳中和乡村的可持续发展非常重要,为了最小化能源需求,新的发展区布局应该在冬季最大程度地让建筑物和周围空间受到太阳辐射的照射,而在夏季则要尽量创造更多的阴影,并促进空气流动。

根据原则 2 中关于密度和混合用途的建议,同时考虑到需要朝南的建筑,新的乡村发展区应该采用东西走向的街道布局,并由建筑物来定义。在这种情况下,为了最大化冬季朝南立面的太阳照射,应该避免建筑物之间相互遮挡。通过结合适当的窗户尺寸、外部保温结构和热质量,只要阳光照射,就可以部分或完全抵消热量损失与太阳能吸收之间的差距。在减少冷却能源消耗方面,聚居地设计的作用更为多面和具有挑战性。这是一个关键问题,因为冷却能源消耗一直在急剧增长,根据国际能源署的数据,受气候变化和人均收入增加的推动,它将继续增加。特别是对于重庆地区而言,由于其气候特点,这个问题尤为突出。夏季,高温与高湿相结合,创造了非常不舒适的条件,自然通风效果有限,因为人体的热量散失受相对湿度的影响。湿度越高,空气流动带走的热量就越少,这是导致重庆夏季普遍需要高度空调的原因之一。

● 街道宽度和朝向

在冬季寒冷需要供暖、夏季湿热需要降温的气候条件下,如何设计建筑峡谷(这里指的是以建筑物为界的街道)是一个至关重要的问题。之所以说它是一个关键问题,是因为它必须面对两个相互冲突的要求:建筑物和街道在冬季应尽可能暴露在阳光下,而在夏季则应尽可能遮阳。考虑到该纬度(北纬 30°左右)的太阳路径,要将这两个要求结合起来,就必须对建筑物的朝向和外墙、材料的反照率以及绿化进行精心设计。

建筑峡谷的特点在于其高度/宽度(H/W)和长度/宽度(L/W)比率及其朝向。为了在冬季最大限度地利用太阳能,即最大限度地减少供暖的能源需求,峡谷应东西走向,其高宽比应使朝南建筑的外墙在 12 月 21 日这一天的大部分时间里完全暴露在阳光下(见图 4-9),因为此时正午的太阳光最低。

在北纬 30°左右的地区,满足这一条件的高宽比较低,10:00~14:00 的全暴晒率不高于 151。如果建筑的底层用于商店或车间,其他楼层用于公寓,那么全暴晒可以从一楼开始。根据图 4-10,在这种情况下,峡谷的高宽比可以更高,这与街道宽度有关。总之,为了满足新居住区能源需求最小化的要求,建筑应坐北朝南,峡谷应东西走向。

这当然会对住区的布局和密度产生影响:一种符合中国传统城市布局的布局。东西走向的峡谷如果设计得当,是最大限度地减少建筑物冬季能源需求的最佳选择,但对于夏季来说并不理想,因为街道大部分时间都暴露在阳光下,因此除非提供一些适当的遮阳设备,如图 4-11 所示,否则室外舒适度是无法接受的。

设计建议:

◇ 设计南北向/东西向的街道网格。

◇ 利用东西向的峡谷(H/W<1)来建造舒适的人行道、商店、咖啡馆、小型手工作坊,因为一条人行道在冬天可以晒太阳,如果街道两旁有树,两条人行道都可以遮阳。

◇ 考虑将南北向的街道主要用于车辆通行,而将东西向的街道主要用于行人,因为这些街道在冬季更适合居住,如果有适当的遮阳,在夏季也是如此。

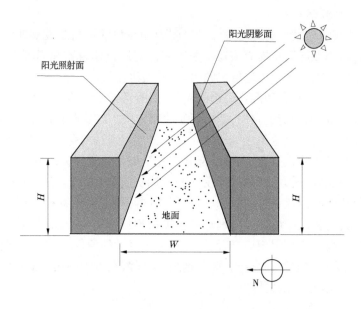

图 4-9　阳光照耀下的峡谷南壁

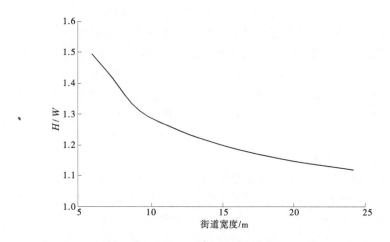

图 4-10　1 楼以上实现全日照的峡谷高宽比与街道宽度的函数关系

● 空气流动

空气流动在建筑环境的能量平衡中扮演着重要角色,极大地影响室外和室内的热舒适度以及建筑的能量交换。在有许多建筑的区域预测空气流动并不容易,只有通过计算机模拟或风洞才能获得可靠的预测。可以使用一些经验法则,比如与风向对峡谷中空气流动的影响有关的法则。峡谷越深,通风效果越差,当高宽比 H/W 大于 2 时,通风大大减少。此外,当风垂直于峡谷轴线吹过时,风速的最大减弱发生,当平行时减弱最小。

另一个经验法则表明,通过窗户的风的最佳入射角度,用于室内通风,是在 0°(垂直)和 45°之间。将这些规则结合起来,并考虑四川盆地的气候环境,看起来建筑的最佳朝向和间距既适宜夏季的太阳暴露也适宜通风。考虑到夏季盛行风,实际上,南北/东西的聚

图 4-11 有阴影的人行道

落格局既有利于通过南北街道的风流(从而改善室外舒适条件),也有利于室内的自然通风(见图 4-12)。

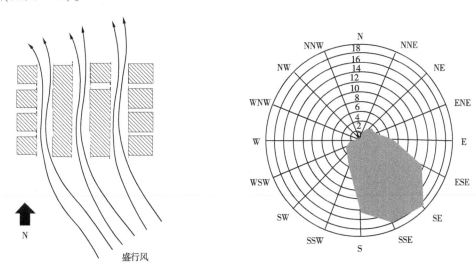

图 4-12 风与空气流动

设计建议:

◇不要设计高宽比 $H/W>2$ 的峡谷,以避免夏季通风不良,此外因为遮阴而导致的太阳能获得不足。

●人行道

聚居地的大部分地面都被人行道覆盖,这些人行道通常由沥青或混凝土制成。由于这些材料的反射率较低,在晴朗的夏日,当太阳高挂在天空中时,它们吸收了 65%~95% 的太阳辐射,表面温度可以达到 60~70 ℃的高温,导致在夏天显著增加了室外的不适感,并且还会显著增加建筑物的冷却能耗,因为建筑物的墙壁会受到额外的热辐射影响。

另外,在雨季,它们会汇集雨水,在下大雨时,径流会造成街道和广场积水。

要减少热效应及其对街道洪水的影响,最有效的方法首先是减少铺设路面的必要性,其次是铺设高反照率和高透水性的路面。一个简单的办法是,在行人预留空间或停车区域使用透水性路面,让植被在空间之间生长,这样做有双重好处:减少径流和热效应。

设计建议:

◇使用树木为人行道提供遮阴。

◇减少对停车位的要求,将停车位和公共交通服务连接起来,使街道更窄。

◇增加人行道的反照率,方法是在黏结剂中混入浅色骨料,或使用透水性人行道,并在空间之间种植植被。

● 水体

水体作为运河和小型水塘广泛分布于重庆乡村。由于其热能和光学特性,水体在冷却当地环境方面具有若干潜在优势:

(1)水的蒸发需要大量的能量,这些能量从空气中提取,从而降低了空气的温度。

(2)水的高比热可以延缓和缓冲最高温度。

综合这些效应,水体在夏季可以比周围的城市环境略微凉爽一些,而在冬季则略微温暖一些。

因此,水体可以对周围的小气候产生积极影响;此外,水体还可以在当地生态系统中发挥重要作用。

另外,水体会增加当地的相对湿度,恶化夏季的舒适度。此外,由于水体的高热惯性,水体可能会减少夏季有益的夜间降温。还应考虑到,如果管理不当,水体可能成为蚊虫和其他害虫的滋生地。

设计建议:

◇考虑到水体可能具有的多种功能(从休闲、生产到环境),与生物学家、生态学家、农业专家、水处理专家和水文学家协商,仔细分析其功能。

原则4:温室气体排放

对住区温室气体排放(包括《温室气体议定书》范围3的排放)的全面分析表明,很大一部分排放是由于物质流中的体现排放,即与进入住区的产品或服务的开采、生产和运输相关的排放。这些体现排放(也称为间接排放,以区别于直接排放,即来自住区运营的排放)的一部分可以通过住区的设计来控制,因为它们受到设计选择的影响。

设计选择所产生的最大比例的体现排放来自于混凝土、钢材、玻璃、铝和烧制砖块的生产,这些是大多数现代建筑和基础设施的基本建筑材料,对环境的影响非常大,消耗大量能源,并造成建筑行业的大部分温室气体排放。表4-1给出了不同建筑材料对环境影响的一些概念,其基础是材料的内含能,内含能的数量通常与其二氧化碳排放量成正比。

表 4-1　选定建筑材料的体现能

建筑材料	CWP（全球变暖潜能）/kgCO$_2$-eq
混凝土	225~550
镀锌钢板	2 929
正交胶合木（CLT,北美）	110~158
层板胶合木（GLT,北美）	81~515
单板层积胶合木（LVL）	423
胶合板	368
定向刨花板	361
木工字梁	17

与许多其他国家和中国农村地区一样,随着工业材料的引入,建筑业也发生了巨大变化,工业材料取代了传统的、以地方为基础的解决方案。这一趋势应予以扭转,石材、木材、竹材、稳定压缩砖等体现排放量低的建筑材料应得到青睐。它们与文化遗产相一致,并且也可以在当地生产,减少运输能源的需求,促进当地经济发展。

通过最大限度地减少资源的使用量,也可以显著减少建筑材料的间接排放。例如,城市密度与间接温室气体排放量之间存在反比关系,这是因为建筑物的表面积与体积比（S/V）越低,提供一定有用建筑面积所需的材料数量就越少,体现的温室气体排放量也就越低。

谨慎选择建筑材料和建筑造型只是实现可持续建筑设计的步骤之一,因为有必要根据循环经济原则评估整个建筑的生命周期（见图 4-13）。

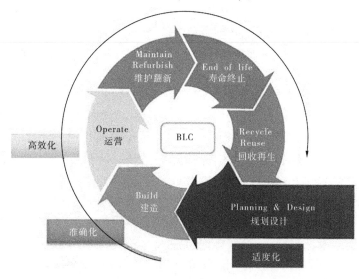

图 4-13　建筑生命周期

因此,应优先考虑使用可重复使用或回收的材料和部件,如表 4-2 所示,建筑物的使用后阶段会对其总排放预算产生重大影响,图 4-13 中显示了建筑物在其整个生命周期中的温室气体总排放量的组成部分,从建筑物使用前阶段的排放(如原材料提取、运输、制造和安装)到使用后活动(如拆除或重复使用、回收和废物处理)。

表 4-2　　建筑生命周期碳排放

各阶段	碳排放量/万 t	每平方米碳排放量/$[kg/(m^2 \cdot a)]$
物化阶段	29.10	15.77
运营阶段	804.92	436.27
拆除阶段	1.24	0.67
生命周期(50 年)	835.27	452.72

应该指出的是,由于碳中和村的目标是将建筑物运行所需的化石能源减少到零或接近零,因此建筑群对全球变暖的主要影响来自内含排放,对其进行控制变得至关重要。

城市交通的设计方式也会影响体现排放量。事实上,由于适当的功能组合,私家车的使用越有限,对私家车的需求就越少,因此村庄车队所体现的温室气体排放总量就越低。此外,汽车数量的减少会减少所需的道路基础设施,从而减少所使用的材料,进而减少间接排放。

的在更全面的方法中,甚至耐用品(如家具、电器等)和不太持久的物品(如服装、陶器和餐具等)中体现的能源也应考虑在内,因为维修、回收和再利用的态度将有助于大大减少体现排放。与此同时,还将在当地创造经济多样化和新的就业机会。

设计建议:

◇ 在选择建筑材料时要考虑建筑的整个生命周期。

◇ 最小化使用建筑材料,考虑通过表面积与体积比(S/V)指标来增加建筑的紧凑性,力求将其最小化。

◇ 做出能够减少废弃材料的选择,这对于具有高能耗的材料尤为重要。

◇ 选择能耗低的材料和低能耗的建筑系统。例如,使用国内认证的木材代替混凝土用于横梁,使用石灰-火山渣砂浆代替水泥砂浆,使用土壤或稳定土块或砂石石灰块代替烧制的黏土砖,使用石膏和石膏砂浆代替水泥砂浆。使用低能耗的结构系统,如承重砌体代替钢框架。

◇ 使用自然可获得的材料,特别是有机可再生材料,如木材、树木、稻草、草、竹子等。即使是不可再生的无机材料,如石材和黏土也很有用,因为它们可以被重复使用或回收利用。

◇ 使用耐用的材料和构件。使用结构和功能耐用的构件和材料可以实现长期使用,同时减少了建筑物使用寿命内的维护、翻新和翻修成本。

◇ 使用当地可获得的材料和技术,雇用本地劳动力。

◇使用具有更多可重复使用和可回收潜力的材料,如砖块、木材、混凝土、石材、金属板等是最适合这一目的的材料。复合材料,如预制的实心泡沫金属或泡沫石膏元素,难以分离和回收。

◇计划回收或挽救至少50%的建筑废弃物。

◇使用基于工业废弃物的砖块/块用于非结构性或填充墙体系统。

◇重复使用/回收建筑废料。

◇使用包装较少的产品和材料。

原则5:可再生能源

高效能源转换技术是广泛使用可再生能源的先决条件,因为为了建立一个具有成本效益的乡村能源系统,能源转换技术越高效、越合适,完成特定任务所需的能源就越少,提供必要的可再生能源的生产系统就越小(越便宜)。

● 高效能源转换技术

在重庆的气候条件下,考虑到冬季供暖和夏季制冷的需要,提供室内舒适度的最有效技术是热泵,即与水体或地下水进行热交换。如果附近没有水体,而地下水又不容易到达,那么夏季可以利用环境空气作为散热器,冬季可以利用环境空气作为热源,而且效率仍然很高。即使有可用作散热器/热源的水,也建议对水-水系统和空气-水系统进行成本效益比较。

空气-空气热泵尤其适用于偶尔有人居住或一年中只有部分时间有人居住的建筑物或住宅,如酒店和游客住宿区。热泵也可用于生产热水,既可作为供暖/制冷系统的一部分,也可与独立设备一起使用。

然而,这些考虑因素并不全面,因为还必须考虑国家电力生产和分配系统的效率与排放量。例如,如果电力主要是由煤炭生产的,那么使用燃气锅炉取暖所产生的排放量将少于以电力为燃料的热泵。而碳中和村的情况并非如此,因为它们使用的电力只能来自可再生能源。热泵的另一个可能的缺点是制冷气体泄漏到大气中。由于制冷剂气体具有很高的温室效应,必须确保在热泵的整个生命周期内对其进行管理。

在这种情况下,由于热泵的效率更高,取暖不再使用燃气或燃油,因此烹饪也应改用电能,但不是使用电阻电炉和灶具,而是使用更先进、更高效的电磁炉和灶具,其效率也比燃气灶更高。

在重庆乡村地区,太阳能家用热水器目前被广泛使用,但在碳中和乡村的过渡中,它们将逐渐被以可再生电力驱动的热泵热水器所取代。电阻式热水器不应该再被采用,因为它们的能源效率较低。同样的能源效率原则也适用于交通工具。电动车辆是目前最高效的选择,因为电动机相对于内燃机更加高效。此外,内燃机车辆会排放温室气体(CO_2和NO_x),而电动车辆则不会排放任何温室气体。然而,对于使用热泵的电动车辆,也需要考虑一个因素,即它们的温室气体排放量取决于用于生产主电网供应的电力的燃料混合物。在碳中和乡村中,所有电力都应来自可再生能源,包括用于充电电动车辆电池的电力,因此只有电动车辆才应该被允许使用。

通过热力学循环在高温下燃烧燃料发电,必然会在低温(70~90 ℃)下产生热量。如果将这些热量用于空间供暖和/或生产热水,而不是将其排放到大气或水体中,系统的整体效率就会显著提高。这种技术方法被称为热电联产(CHP),适用于酒店或需要中低温的工业流程,如典型的农用及工业流程。在碳中和村,热电联产厂的燃料必须是可再生的,即生物质。生物质可以转化为沼气或合成气,供应给内燃机或燃气小型涡轮机。

以生物质为燃料的热电联产系统适用于需要中低温的工业流程,如典型的农用工业流程,也适用于需要冬季供暖和夏季制冷的建筑物,如酒店和办公楼,因为低温热量可以通过给吸收式制冷机供热来产生制冷效果。另外,在夏季或冬季的季节中期、夏季或全年,也可以利用废热通过蒸馏的方式从处理过的废水中生产饮用水。总之,要最大限度地利用能源转换技术为碳中和村供电,就必须转向以电力为燃料的技术,并在可能和适当的情况下转向热电联产技术。

设计建议:

◇考虑到从中长期来看,乡村唯一的能源载体将是电力,并可能辅以以沼气或合成气为燃料的热电联产系统所产生的热量,因此天然气网络将变得不合时宜。

● 可再生能源的使用

在碳中和村里,使用高效的能源转换技术是一个必要条件,但不是唯一条件。因此,下一步是确定村庄边界内可利用的可再生能源,无论是行政边界还是实际边界(如前所述),包括村庄周围的非建筑区。

太阳能和风能的潜力取决于太阳辐射和风的可用性,取决于可覆盖太阳能电板合适表面的数量,还取决于居民区的地形,因为这会影响风速。生物质能的潜力取决于乡村和村庄的设计,因为它包括来自绿地、街道和菜园中修剪的树木和树叶,以及来自永久性或季节性农场和水库的有机废料。周围土地的利用和地形可以通过农业物资、附近森林管理(造林)产生的生物质,以及在有永久性或季节性池塘或水库的情况下通过水力发电产生的生物质,为可再生能源潜力作出贡献。

农业剩余物和牲畜粪便也可用作可再生能源。可再生能源技术的使用对于碳中和村的设计来说是一个非常具有挑战性的问题,因为它可能会对新开发项目的设计造成重大限制。例如,光伏系统可能会限制零能耗建筑的高度,原因在于建筑的能源需求、供应能源所需的光伏系统规模以及可用于安装光伏系统的屋顶面积之间存在着某种关系,这种关系可能会影响定居点的密度。

光伏系统可用于为电动车辆供电,理想的做法是将这些汽车停放在装有光伏顶棚的专用室外停车场;在这种情况下,面临的挑战是如何根据汽车数量和充电所需的光伏面积优化停车场的大小和位置。

利用液态有机废物生产沼气,需要对下水道进行适当的设计,并提供必要的空间来容纳厌氧发酵装置,或者为每栋建筑提供单独的发酵罐。

生产合成气不仅需要为气化器分配空间,还需要为木材储存和预处理分配空间。

太阳能和风能发电具有不可完成编程性,因为光伏系统无法在夜间发电,而且光伏和风能系统都会根据气象条件的变化而波动。因此,瞬时需求与电力供应相匹配的可能性很小。这就是自耗电的主要限制因素,自耗电是指在生产过程中消耗的可再生能源电量。即使每年生产的可再生能源与每年的消耗量相等,也需要在生产量超过消耗量时储存能量,并在消耗量超过生产量时回收这些能量。

最简单的解决方案是连接到主电网,当可再生能源生产不足时,主电网提供电力,当生产超过需求时,主电网吸收电力。然后,在系统管理中出现一个经济问题:通常情况下——除非光伏产生的电力暂时得到激励——输送到电网的可再生电力的价格远低于从电网取电的价格。为了最大限度地减少这种不平衡,必须通过储能系统最大化自我消费。

如果无法与主电网连接或供电不可靠,有两种方案可以结合使用。第一种方案是通过电池或其他技术(如抽水蓄能、飞轮或压缩空气)来储存电力。这种储存可以是集中式的,也可以是分布式的,即在每间房子里安装单独的电池,并将电动汽车电池连接到微型电网,在汽车闲置时将其用作能源。第二种是使用可编程能源(如化石燃料或生物质能)的发电机提供后备电源,其作用与主电网相同。需要有一个控制系统来管理储能装置和发电机,以调节它们的输出,从而以相应的瞬时发电量满足瞬时电力需求。

在与主电网的连接可用且可靠的情况下,也可以采用同样的方案来最大限度地提高自用电量。

● 智能电网

所有这些方案都应辅之以能够控制电力需求的系统,例如,通过中断供暖或制冷系统的电力供应几分钟,形成一种虚拟储存。通过这种方式,最终用户不会感觉到热舒适度有任何变化,但在同一时间内,电网的其他负载可以获得一些额外的电力,从而避免从主电网购买电力或释放储能。

小型电网或微型电网以及智能电网都源于这种方法,它们被定义为由分布式能源资源、分布式用户和储能组成的本地能源系统。

为碳中和村设计的微电网包括可编程和不可编程的可再生能源发电、储能设施和负载控制(见图 4-14)。该系统具有可扩展性,这意味着负荷增长可能需要安装额外的发电机,而不会对现有微电网的稳定可靠运行产生任何负面影响。

建筑功能的多样性(土地混合使用)和社会经济的多样性对发展具有成本效益的小型和微型电网及其抗灾能力有非常重要的积极作用。成本效益提高的原因在于,当人们下班回家后,负荷从生产/服务用途转移为住宅用途时,这种多样性可以使日常电力负荷模式变得平滑,从而减少所需的储能规模。社会经济多样性也有帮助,因为这意味着有各种不同的行为。

当地能源系统复原力的提高源于所使用的各种可再生能源和技术。因此,依赖单一的可再生能源并不是明智的选择,一个具有弹性的居住区能源系统的设计应包括尽可能多的能源和技术,并建议提供一些多余的装机功率。

设计建议:

◇尽量减少对更大的市政电网的依赖,以满足社区的能源需求。利用当地的可再生资源来产生村庄运营所需的能源。

◇如果当地风能潜力足够大,考虑将小型(微型和迷你)风力涡轮机与光伏电池板结合使用,这将是一个很好的机会,因为当没有太阳时,它们可以补充太阳能的生产,并减少备用电源的需求。

◇考虑以气化工艺为基础的生物质燃料热电联产,木材来自周围的森林管理和/或辅

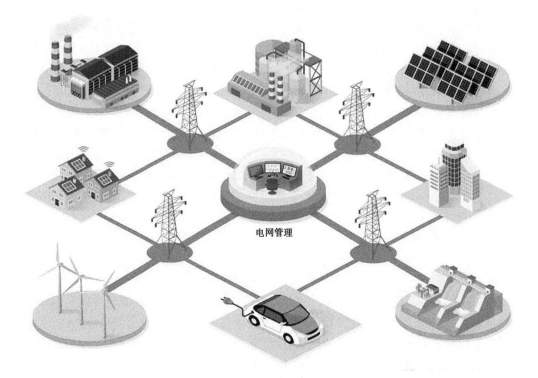

电网管理

图 4-14　微电网概念图

以行道树和公园树木的修剪。

◇考虑沼气生产。使用有机废物产品的生物消化器是实现当地自给自足的另一个前沿领域,可将气体用作热电联产系统的燃料。

◇考虑到以生物质为燃料的热电联产系统作为一种潜在的可编程能源,可具有储能功能,从而减少对电池或其他类型储能的需求。

原则 6:水循环

在 20 世纪,水的处理通常是一个线性过程:①集水;②运到居住区;③处理后可饮用;④通过毛细管网输送到每个公寓;⑤通过与居住区污水管网相连的单独收集系统处理废水;⑥输送到集中的废水处理厂,从中产生两种产品:净化后的水可以排入大海、湖泊或河流,而脱水后的污泥则可以填埋或在焚烧炉中焚烧。

随着人口的不断增长,对水的需求也在不断增加,而且越来越经常地出现缺水的情况,这是因为居民点的用水管理采用的是线性方法:人口越多,需求越大,水渠或水井的供水量就越大;反过来,由于水源的自然限制、基础设施的能力以及气候变化的影响,日益增长的需求无法得到满足,气候变化使得通常的供水系统变得不可靠,因为降水模式和河流流量的变化都会影响到水库。

这种线性方法与碳中和乡村不符,不仅因为上述原因,还因为通常的水系统需要能量来进行抽水、分配饮用水和处理污水,但它无法回收废水的能量潜力。相反,应采取循环的方法。必须将水视为循环经济的一部分,在循环经济中,水在每次使用后都会保留全部

价值,并最终回归系统,在这个系统中,水在闭合循环中循环,可以重复使用。根据图 4-15
所示的循环,一个安全、可持续发展且具有复原力的村庄应能主要依靠雨水和经过处理的
废水,以不同的水质水平提供满足社区需求的所有必要用水。

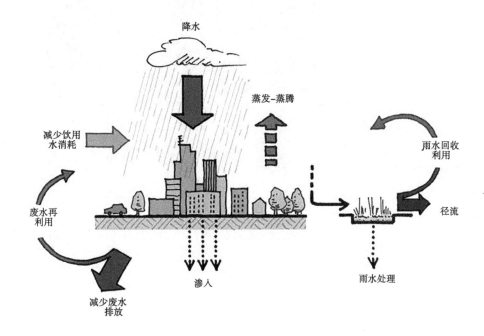

图 4-15　理想的居住区水循环

可持续水管理包括:

(1)保护水源。

(2)利用多种水源,包括雨水收集、雨水管理和废水回用。

(3)根据需要对水进行处理,利用废水产生的能量为村庄造福,利用废水的营养潜力
为农业造福。

● 雨水收集

雨水是一种近乎纯净的免费水源,可从以下地方收集:

(1)屋顶。

(2)铺设路面和未铺设路面的地方,即雨水排水沟、道路和人行道以及其他空地。

雨水收集是建筑物一级的重要水源,在许多情况下可满足一栋建筑物或一个村庄的
所有用水需求;收集的部分雨水可输送到水井,用于补充地下水(见图 4-16)。

如果要利用雨水来满足建筑物的全部用水需求,那么建筑物的最高高度就会受到限
制——就像能源自给自足一样——这源于用水需求和集水量之间的平衡;高层住宅的屋
顶面积/用水需求比很小,因此集水量不足以满足需求。除少数情况外,收集的雨水都含
有杂质。雨水一旦接触到屋顶或收集表面,就会将多种细菌和其他污染物冲入蓄水池或
储水罐。

在村庄规模上,应考虑在屋顶安装雨水收集系统,并将其作为村庄基础设施的一部

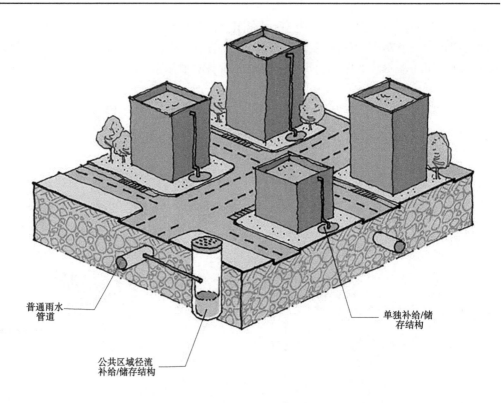

普通雨水
管道

公共区域径流
补给/储存结构

单独补给/储
存结构

图 4-16　屋顶雨水收集系统

分,同时安装过滤/消毒系统,使储存的雨水可饮用。与单个储水箱相比,该系统的优势在于储水和维护成本较低,而且由于熟练的操作人员可以管理水处理系统,因此有可能获得更安全的水质。

如果通过现有的集中管网可以获得饮用水,则应考虑将雨水用于非饮用水用途,从而减少需要向住区提供的饮用水流量,并因管道较小而获得经济效益。

使用雨水意味着需要为非饮用水用途单独铺设管道,其成本可全部或部分由饮用水管网所需的较小管道所节省的费用抵消。

●径流

径流是雨水流过地表并流出集水区的部分,当到达地面的降雨强度超过土壤的渗透率时,就会产生径流。在农村地区或公园中,由于渗透率较高,径流在降雨中所占的比例非常有限;而在建筑密集区,由于不透水地面的面积较大,径流在降雨中所占的比例则恰恰相反,如图 4-17 所示。

通常,雨水输送系统的设计目的是将集水区的雨水输送到最近的雨水管道或下水道。为了日后再利用这些雨水,并避免下水道超负荷运行,收集的雨水应被引向补给结构,以恢复含水层的开采潜力。另外,也可以通过收集截留的雨水,减缓雨水流速,从而对含水层进行补给,并利用微水池、沼泽和其他集水结构(如多孔路面)将水截留或引流到场地的景观中。

收集和利用雨水径流还能减少场地排放和水土流失。适当采用上述雨水和径流管理

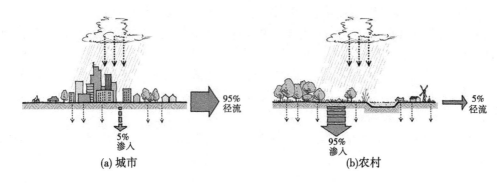

图 4-17　城市、农村的径流百分比

技术的村庄符合中国 2014 年提出的"海绵城市"城市水管理方案的原则。海绵城市或一般意义上的海绵住区的设计方式使可持续排水系统成为可能。可持续排水系统的目的是减轻下水道系统的负荷,对雨水进行再利用或再循环,以促进水循环的闭合,同时降低洪水和水害风险。

● 分散式污水管理

家庭产生的废水通常分为黑水、灰水和雨水。黑水是来自厕所和厨房水槽的废水,灰水包括洗衣、沐浴和洗衣服产生的废水。

在有污水管网的情况下,通常的做法是将这 3 种水源都输送到污水处理站,混合后再送往集中的污水处理厂。最好的办法是单独收集雨水,并在当地处理中水,由于中水的污染程度低,处理过程也很简单,然后在当地将其重新用于非饮用水,如冲厕所、洗衣服、浇灌植物等。雨水和中水的再利用有可能减少对新供水的需求,减少供水服务的碳足迹和水足迹,并满足广泛的社会、经济需求。特别是,它有助于减少对成本更高的优质饮用水的需求。

另外,中水回用和/或雨水的直接利用需要专用管道,而不是通常的饮用水管道。当然,双管道系统比单管道系统更昂贵。

黑水(无论是否与中水混合)的处理是一个更为复杂的问题,因为这也会对健康造成危害。目前的趋势是集中处理系统:当许多小村庄分散在一个地区时,它们的废水通常被输送到一个处理厂。传统的污水处理厂需要大量能源。

水处理系统,如分散式污水处理系统,或基于相同基本原则的其他系统。分散式污水处理系统是一种模块化系统方法,可确保污水处理的高效率,并实现水循环的现场封闭。此外,这种方法不一定需要高技能的人力和维护要求(但在规划和建设方面有很高的质量标准),其能源需求也远远低于传统的处理系统。因此,该系统的一个间接优势是它为低技能工人创造了就业机会,这与原则 2 和原则 5 中强调的混合收入要求一致,并将在原则 9 和原则 10 中进一步讨论。

适用于村庄污水处理的典型 DEWATS 应用基于 3 个基本模块,并根据需求进行组合:

(1)在化粪池、伊姆霍夫池或生物消化池中进行初级处理(厌氧消化污水污泥的益处已得到广泛认可,技术也已成熟)。

（2）在障板反应器（障板化粪池）和固定床过滤器中进行二级厌氧处理。

（3）在建造的湿地（水平砾石过滤器）中进行三级好氧处理，根据污水的最终条件及其预期用途，可考虑在好氧抛光池中进行后处理。

DEWATS只是一个例子，还有其他技术先进的分散式污水处理系统，只要它们能产生沼气，允许将沼渣用于农业目的，允许对处理过的水进行再利用，并且运行时不需要太多能源，也应加以考虑。

污水处理产生的污泥富含营养物质，可以在经过脱水、干燥和/或堆肥处理后作为肥料使用。经过处理的家庭或社区污水适用于灌溉乡村周围的公园、花园和农业地块，从而减少对饮用水的依赖，前提是能够保证病原体含量与被施肥的农产品种类之间的兼容性，即这种做法不会导致健康风险。

灌溉水渗入土壤，有助于蓄水层的补充。补充地下水可能是废水再利用的最佳方式，因为几乎所有地方的地下水位都在下降。

废水曾经是淡水，而从水井中抽取的淡水以前也是地下水。可持续发展与地下水的供应直接相关。因此，对地下水源进行补给绝对是至关重要的。主要的问题是，废水需要处理到什么程度才能排入地下。由于地下水污染的风险很高，这个问题非常微妙，需要以最谨慎的态度来处理。

在村庄的可持续水循环中，必须考虑以下几点。

水流必须考虑并结合起来：

（1）来自中央管网的饮用水流（如果有的话）。

（2）来自村庄公用水井的饮用水流。

（3）屋顶雨水储存。

（4）雨水从储存处流向生活用水，即冲洗厕所、洗衣机、灌溉。

（5）雨水从储水处流出，经过过滤和消毒后可饮用的雨水，供家庭使用，即厨房和浴室水龙头。

（6）将屋顶雨水引向地下蓄水层。

（7）从不透水地面收集的雨水流，用于储存或补给地下蓄水层。

（8）从住户流向处理系统的废水（如果黑水和灰水没有混合）。

（9）经处理后的废水流向绿地（公园、街道绿化、村庄周边农业等）。

（10）处理后的废水流向补给井或回灌池。

（11）经处理的废水流向水体。

水流（2）、（3）、（4）和（5）可以部分或全部替代传统的饮用水网络。由于不与集中式供水网络连接，或即使连接了，由于连接的管道直径平均较小，也可节省费用，从而抵消因连接储水池和非饮用水管道（双供水系统）而产生的额外费用，以及过滤消毒装置的额外费用。

这种分布式的本地供水系统也比一般的集中式供水系统更有弹性，利用屋顶多余的雨水和雨水对含水层进行补给的额外费用，可以通过供水系统的高可靠性和有效的防洪来抵消。

设计建议：

◇尽量减少村庄用水需求对中央管网的依赖。收集屋顶上的雨水并储存起来,用于冲洗厕所和现场灌溉等非饮用水用途;尽可能使用生物池塘和地面系统,而不是雨水管道。

◇考虑雨水收集和当地村庄规模的雨水处理所提供的社区自给自足的机会,使雨水可饮用。

◇公共开放空间的位置和设计,如果包含水管理措施,应通过使用沼泽、洼地、等高线堤岸、石渠、卵石路、芦苇圃或其他适当措施来促进径流的滞留,同时不影响公共开放空间的主要功能。

◇所有街道都应包括径流缓解系统,如沼泽或其他能够吸收和储存雨水的透水地面。因此,应为可持续城市排水系统提供足够的额外空间。

◇尽可能扩大透水面积,因为它们能减少径流,从而降低洪水危险。

◇考虑废水中的沼气生产对可再生能源系统的潜在贡献,这并不重要,主要是考虑其按需发电的能力,从而提高微电网的自耗份额。

◇考虑将分散式废水处理作为一种可持续的选择,以提高社区的恢复能力并提供就业机会,因为废水是一种资源,可以通过渗滤获得能源、土壤养分、灌溉和地下水补充,这种资源最好在地方一级加以利用。

◇考虑关闭养分循环的必要性,即废水中所含的养分应始终返回到用于提供食物的土壤中。

◇至少在现场处理和再利用 50% 的废水。

◇评估未完全处理的废水可能对地下水造成的污染和对健康的威胁,让水文地质和水媒疾病专家参与进来。

原则 7:固体废物

现代社会越来越多地受到废物问题的困扰。无论是经济还是环境方面,废物管理都是一项巨大的成本。废物按其性质可细分为两大类:无机废物和有机废物。

* 无机废物管理

由于以下 4 个因素,人均无机固体废物一直在增加:①经济条件改善;②市场上的商品急剧增加,这些商品大多是时髦的,用不了多久就会被丢弃;③一次性商品;④包装。

根据循环经济的原则,废物管理的首要行动应该是减少商品的流入量,这是废物流动的主要原因。

碳中和村庄要想实现可持续发展,展示如何在提高生活质量的过程中实现人与自然的和谐共处,就应该采取多项行动,减少无机垃圾。例如,可以通过鼓励销售散装产品来减少包装;可以通过实施瓶罐押金返还计划来鼓励重复使用;可以通过多种方式鼓励维修电器和衣物,同时创造新的就业机会;可以禁止一次性使用物品,等等。

在这样的村庄里,无机固体废物的数量将大大减少。无机固体废物将在原产地(由公民收集之前)按照玻璃、金属、纸张和塑料等主要类型进行分类。或分类工作可以稍后在专门的设施中进行,这样可以减少公民的投入和精力,因为他们只需将有机和无机废物分开即可。

●有机废物管理

为了减少有机废物,首要任务应该是减少食物浪费(在欧洲和北美,人均消费者的食物浪费可达95~115 kg/a)。这需要两项结合的行动:

(1)减少购买过量食物,这意味着行为的改变。

(2)增加每天购买食物的商店数量和邻近程度,而不是每周开车去超市,这意味着合适的乡村设计和治理。

在采取措施减少有机废物后,应该将其重新引入更广泛的营养循环,并利用其能源潜力。

●乡村的生活和服务废物管理

废物管理的最佳做法包括实施循环经济原则,即将有机废物转化为能源(通过厌氧发酵产生沼气)和肥料(或通过堆肥仅产生肥料);将可重复使用和可回收的材料分类、预处理并送回生产循环;剩下的部分运送到垃圾填埋场,或在热电厂(CHP)进行焚烧。

这种方法已经在最先进、对环境最敏感的居住区得到实践,但最好在村庄范围内实施,原因如下:①在当地对无机废物进行分类和预处理,并在当地对有机部分进行处理,可以减少废物的运输距离,从而减少废物管理系统的排放量;②有机肥料从生产地到田间的运输距离也会缩短,从而进一步提高环境效益(除经济效益外)。

在村庄规模的废物管理系统中,要求公民只将有机和无机部分分开(见图4-18),分拣好的固体非有机废物被运到一个设施,在那里对可回收材料进行进一步分拣,必要时进行清洗,然后交给购买这些材料的经销商;不可回收的材料则被送往垃圾填埋场或焚化炉。

这种方法在经济和生态方面都有很多优势。塑料制品,如瓶子或一般容器,一旦根据其化学成分进行分类,就可以用非常简单和廉价的机器进行压缩。这样,塑料废弃物就有了经济价值,而不是变成公民的成本。对于金属也有好处,例如一旦铜线从保护材料中分离出来,就可以以很好的价格出售,而不是支付费用将其运送到集中废物管理中心;铝和其他金属也是如此。同样,电子垃圾如果已被分离成最有价值的部件,就可以获得回收利用价值。小规模的创业活动可以被激发出来,就业机会也会增加。

有机废物则不同,厨余垃圾中含有来自土壤的养分应该回归土壤,以结束养分循环。在经过适当处理后,将厨余垃圾回归土壤在减排方面具有双重优势。好处是厨余垃圾可以用来喂养厌氧发酵器,从而产生沼气和泥浆,泥浆可以直接用作肥料,也可以在适当加工后用作肥料。泥浆的问题在于,厨余垃圾不仅可能含有天然营养物质,还可能含有农业生产过程中产生的污染物。如果厨余垃圾来自工业化农业,并且大量使用了杀虫剂、除草剂和其他化学成分,那么厨余垃圾中就会含有这些成分,由此产生的泥浆中就会含有污染物,这些污染物会进入土壤。其他污染物可能来自肉类废弃物,如集约化饲养的动物肉,因此含有抗生素、激素或其他生物成分。这是影响许多国家的一个问题,在某些情况下,不允许使用泥浆作为肥料。但在碳中和村,这个问题不应该出现,村里的农场应该采用有机耕作,不应该存在集约化养殖,村里的居民应该主要食用当地生产的食品,这是碳中和村经济最显著的特点之一。

另一个问题可能来自村里居民的不当行为,他们在有机垃圾袋里放进食物垃圾以外

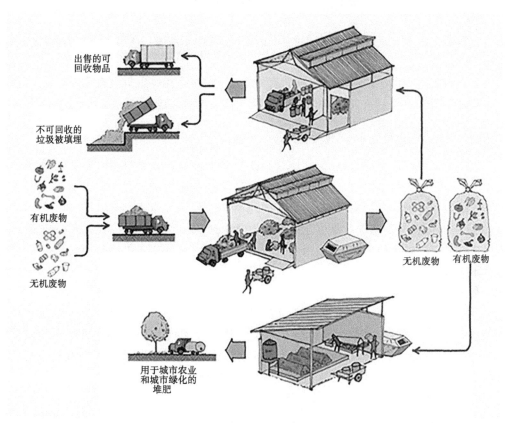

图 4-18　分散式固体废物管理

的东西(例如残留药品或非有机垃圾),从而污染了有机垃圾。这些污染物会妨碍厌氧发酵过程,或使泥浆不适合作为肥料返回土壤。碳中和村应该是一个可持续发展的展示空间,居民的意识应使这一问题不会出现。

在提高认识的过程中,最开始最好只使用餐馆的厨余垃圾,因为这样更容易控制。将有机垃圾运送到村里的堆肥厂,虽然对应对气候变化的效果较差,但仍然是符合循环经济原则的一种做法。堆肥厂或沼气池产生的肥料可用于村庄周围的农村地区或村庄的绿地。

●其他有机废物管理

其他有机废物,如园林废物(公园、草坪、行道树残留物)以及村庄周围的农业残留物或牲畜粪便(如果有的话),也可作为沼气池的原料;或所有植物废物都可送往堆肥装置。如前所述,在处理家庭有机废物时,如果农业残余物受到化学物质(杀虫剂、除草剂、人工肥料)的污染和/或牲畜粪便含有抗生素、激素或养殖过程中产生的化学污染物,则可能会出现问题。在这两种情况下,厌氧发酵都可能受到影响和/或泥浆可能无法用作肥料。

为了完成村庄有机废物循环的闭合,修剪树枝可以为村庄的气化炉提供原料,还可以产生生物炭,用作土壤改良剂。

最后,必须为可能来自工业过程的有害废物(如果有的话)或可能与农业使用的化学品有关的部分提供单独的途径。对于这类废物,必须遵循法律规定的常规程序。

设计建议：

◇考虑在规划中加入回收或再利用设施,专门用于收集、分离、预处理和储存回收材料。

◇考虑在当地重新利用固体废物的有机部分和植物残留物(如树叶)的可能性,通过生物消化生产能源和肥料,或仅通过堆肥生产肥料。这意味着要提供必要的空间。

原则8:能源、水、食物和废物循环

在废水集中处理实践之初,该系统也被认为是帮助农民从快速发展的城市涌出的污水中获取养分的一种手段;但到了20世纪末,廉价合成肥料的普及使污水处理农业失去了经济动力。由于养分没有市场,除直接向地表水排放污水外,很难有其他合理的做法。

因此,居住区与周边农村地区之间长期以来形成的相互交换养分的关系被打破,产生了两个后果:废水中含有的养分被浪费,往往会对环境造成破坏;同时,人为地生产养分也会对环境造成破坏。

● 营养物质循环

可持续住区需要利用更现代、更有效的技术和工艺来恢复旧有的原则。如果小型居住区主要以周边农村地区生产的食物为食,这可能比较容易做到。如果食物是由高度专业化的农业、工业生产,并分销到广阔而遥远的市场,那么对于广泛的食物链来说就比较困难。在这种模式下,关闭营养循环是一项更具挑战性的任务。

● 水-能源-食物关系:线性代谢与循环代谢

水、能源和食物息息相关。水用于发电(热电厂用于冷却,水电站作为能源载体),能源用于抽水、处理和分配水。水需要能源用于灌溉以生产粮食,而粮食生产又需要能源用于制造肥料、收割、耕作、加工、储存和运输。而食物垃圾则可以通过厌氧消化产生能源。

水-粮食-能源关系是可持续发展的核心。在全球人口增长、快速城市化、饮食习惯改变和经济增长的推动下,对这三者的需求都在增加。农业是世界淡水、氮和磷流量的最大消耗者,全球超过1/4的能源用于粮食生产和供应。这些全球性挑战首先需要在地方范围内加以应对,而碳中和村正是这样做的地方,是利用能源、水和食物之间的相互联系,从目前的线性新陈代谢转变为循环新陈代谢的地方。

碳中和村的出发点应该是摒弃浪费的理念,无论是能源、水、食物还是材料的浪费;相反,碳中和村应该寻求最大限度地减少浪费,并将其转化为有益的用途。在此过程中,应设法减少从远处输入的水和能源,并减少材料的流动。这一理念促使人们努力分散能源和食物的生产。它还为分散式固体废物管理的三个"R"〔减少(Reduce)、再利用(Reuse)、再循环(Recycle)〕提供了动力。

一方面,在传统、集中、线性住区的新陈代谢中,联系是单向的:向住户供水的标准越高,水的投入量就越大,净水和抽水的能耗就越高;卫生标准越高,废水处理的能耗就越高;固体废物收集和处理系统越完善,运输的能耗就越高;财富越多,食物投入量和废物消耗量就越大。

另一方面,在循环新陈代谢中,能源、水、废物和食物以其他方式联系在一起(见图4-19、图4-20):

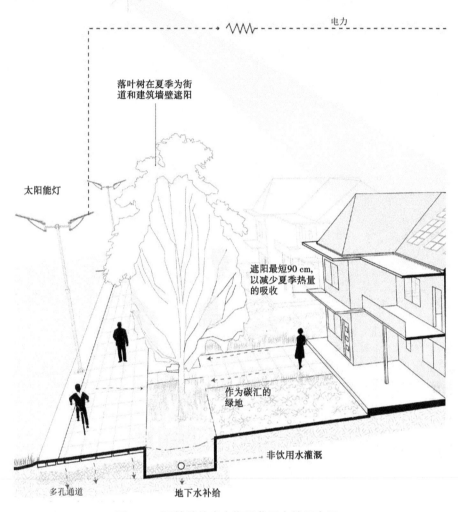

电力

落叶树在夏季为街
道和建筑墙壁遮阳

太阳能灯

遮阳最短90 cm,
以减少夏季热量
的吸收

作为碳汇的
绿地

非饮用水灌溉

多孔通道　　　　地下水补给

图 4-19　可持续技术在街区范围内的示意图

·将处理过的废水用于植被区,使植被茂盛,这也有利于室外和室内的舒适度,减少对空调的需求。

·天然肥料和水的可用性意味着周围农业生产所需的部分养分可由村庄的新陈代谢提供,使用当地生产的食物减少了从远处供应食物所消耗的能源。

·有机废物和废水可产生沼气,除其他用途外,沼气可用于热电联产系统,该系统的余热可通过真空蒸馏将处理过的废水制成饮用水,也可为农业和工业提供原料。

·村庄周围农业生产产生的有机废物和绿地养护产生的残留物可通过沼气池和/或气化器提供能源。

·沼气和合成气可用于为村庄的智能电网提供额外的存储容量,此外,沼气和合成气还可用于为村庄的智能电网提供额外的存储容量。

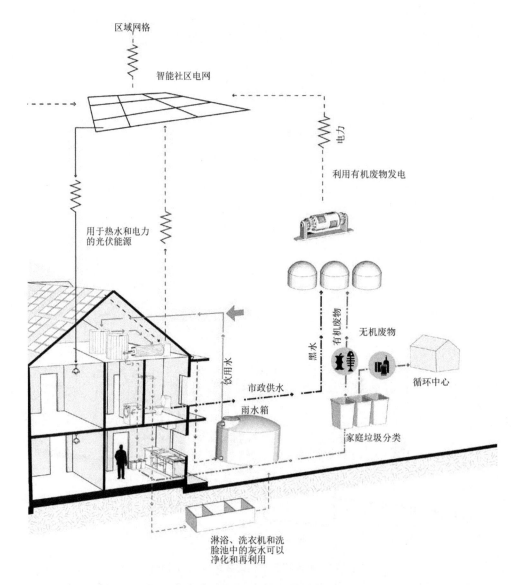

图 4-20　可持续技术在街区范围内的示意图

·利用雨水和经过处理的废水来补充地下水位,使地下水位不再下降,减少所需的抽水动力。

·土地混合使用减少了对私人交通工具的需求,从而降低了能耗,而且由于交通量的减少,必要的街道宽度也减少了,从而减少了不透水面积,而且采用了透水地面,使雨水能够渗入地下,补充地下水位。

在碳中和村里,传统的线性流程被循环流程所取代;每栋建筑都被整合到一个系统中,在这个系统中,可再生能源、雨水、废水、有机废物、植物所需的食物和养分都是相互关联的,生物物质的循环尽可能是封闭的,并与周围的农村地区紧密相联。

与传统村庄相比,碳中和村庄具有更强的复原力,能够更好地应对气候变化的威胁。

这种复原力的提高主要源于能源供应的多样性(太阳、生物质、水和风,根据可用性而定)和水供应的多样性(雨水、废水、井水加上中央供水系统的水,如果有的话)。

此外,碳中和村不仅具有更强的抗灾能力,而且更加安全,因为政治或经济危机对能源、水和食物供应的影响较小。

将需求管理与高效的能源和水供应相结合,以分散系统为基础,采用封闭式循环方法处理城市垃圾和食物,是推动住区实现碳中和目标的唯一途径,但这并不是唯一的目标。事实上,碳中和是应对未来挑战的必要条件,但仅有碳中和是不够的,因为这些挑战还包括应对人类已经破坏的其他自然物质和生物循环的需要,即需要将我们的发展控制在地球范围内。尤其重要的是,应减轻对生物多样性的威胁,因为对濒危物种的主要压力来自于自然景观变为农田对自然栖息地的破坏。

设计建议:

◇考虑将家庭和周边农村地区的有机废物单独或与当地下水道网络的有机废物结合起来,用于生产沼气和肥料。在当地范围内,生物消化很方便,因为它能优化循环的闭合并减少废物的产生。

◇在设计水、能源和废物处理系统时,始终考虑循环经济原则,这些系统是可持续发展村庄的支柱。

◇考虑从设计之初就让能源、水和废物处理方面的专家参与进来,让他们与生物学家、生态学家和医生互动。能源、水和废物处理系统是一个整体,既影响环境,也影响人类健康。

◇准备将碳中和方法扩展到对所有地球边界的更广泛考虑,即开始减少农业活动对生物多样性的压力。

原则9:就业机会和休闲

碳中和村应采纳综合社会经济模型,通过生态转型创造可持续就业机会,提升居民生活质量,应对农村社区老龄化和青年迁移城市的问题。提供有吸引力和发展前景的工作是保持农村活力的关键。社会创新,结合农业和旅游业的碳中和解决方案与循环经济模式,是吸引年轻人回归乡村、防止人口外流的有效策略。

碳中和村应通过新技术和创新工艺转型为现代化、可持续的农业,提升农业职业的吸引力,同时强调生态农民在维护环境平衡中的重要作用。此外,借助数字技术,碳中和村可发展"轻型"公司,如软件开发、在线服务和数字媒体制作等,这些行业对环境影响较小,可为居民提供高质量的就业机会。

通过优惠政策和对初创企业的支持,促进这类服务业的发展,增加就业机会。同时,美丽健康的居住环境、丰富的服务和休闲机会将使碳中和村更具吸引力。这不仅促进居民的满意度和幸福感,还能吸引旅游者和退休人员,为村庄带来更多的活力和多样性。

最终,将所有可持续发展措施与"数字游牧民族"的灵活工作方式结合,使碳中和村成为追求高质量生活和可持续未来的理想选择。

● 社会经济政策建议

地方社会经济政策应考虑以下建议:

（1）促进优质农业生产与自然景观和自然生物多样性的保护相结合。

（2）强化健康与食品之间的关系，在健康饮食中推广当地优质食品的品质，还应鼓励主要食品品牌在其供应链中引入此类可追溯成分。

（3）促进和实施循环经济原则；通过处理和再利用废水和食物垃圾，开始将村庄的新陈代谢与农业生产系统联系起来，以实现原则8中所述的营养循环。

（4）利用可持续农业引发间接经济活动，如销售当地生产的食品、手工艺品、农舍小型农产工业、租赁活动、建筑维护，以及与可持续农业实践、精准农业、用于作物和土壤监测的信息技术应用、电子商务等相关的高科技初创企业。

（5）推广"3R"文化，即减量（Reduce）、修复（Repair）、再循环（Recycle）。

（6）在先进的综合乡村服务系统（水、能源、垃圾处理）的管理和维护方面，为高技能以及中、低技能工人提供职位。

（7）为有创造力的年轻人推出有吸引力的项目，以发展当地的创意阶层（艺术家驻留、为初创企业提供小额资助、提供再生空间、为当地老年人和城市青年创新者牵线搭桥的项目）。

（8）支持服务公司开设雇用当地人的分散办事处。

（9）完善科技支农体系。促进产学研合作，突出乡村振兴的科学内涵。

（10）促进农产品就地加工。

（11）发展生态旅游、生态养殖等产业，打造乡村生态产业链。

（12）推动乡村成为退休人员的理想居所。应特别关注那些积极参与社会活动的人，他们可以利用自己的时间和人脉为社区发展作出贡献。

（13）支持"社区意识"，将其作为乡村的鲜明特征，与更具个人主义色彩的城市生活方式形成鲜明对比。

（14）将乡村打造成可持续发展、充满活力、生活舒适、惬意、缓慢的地方，这里是孩子们成长的理想之地，是成年人工作的理想之地，也是老年人颐养天年的理想之地。

● 实现居民收入的多元化

要使碳中和村具有吸引力并促进居民收入多元化，村庄应展现出其独特的美感，包括维护良好的建筑、绿地和文化遗产。实现这一目标的关键在于土地和人口的多样化使用。步行友好的环境和多元化的居住模式能够促进社区联系，增强社区感。

混合收入住房不仅有利于社会公平，也支持可持续的能源、废水和固体废物处理系统。提供不同类型的建筑和住宅单位能够满足不同人群的需求，促进有效的社会组合。这种社会经济结构的多样化可以降低能源需求，减少物理存储需求，并通过智能电网实现更高效的能源管理。

社会包容、高就业率和村庄吸引力是实现循环经济和可持续能源管理的关键因素。为实现社会多样性，需要为不同社会群体提供可负担的住房，包括现有居民、退休富裕人士、低收入工人、中高收入专业人士、年轻的创意工作者和企业家。通过这种方式，碳中和村不仅能成为一个生态友好的示范区，也能成为一个经济多元化和社会包容性强的活跃社区。

为了使村庄具有吸引力，并形成这样一种社会组合，应尽可能满足以下条件：

（1）周围环境宜人,使居民能够与野外和农业景观亲密接触。为人们探索景观提供便捷的通道(自行车道、步行道)。

（2）冬季(拱廊可防雨)和夏季(有树荫的人行道)在村里活动都很舒适。

（3）所有服务设施都很方便,步行即可到达,这对老年人尤为重要。

（4）提供高质量的数字基础设施。

● 为居民和投资者创造成本优势

碳中和村的资本投资一般高于传统村落,但在评估其经济效益时,应考虑以下问题:

（1）对旅游或养老的吸引力创造了潜在的多重收入来源,如村落房地产投资的回报。

（2）有机农业实践使周围的土地更有价值,因为它不会受到杀虫剂或超级菌株的污染;它还会降低化肥和杀虫剂的成本,减少对转基因生物的依赖。

（3）重新引入传统作物品种是一个吸引点/独特性,不仅可以增强村庄的自豪感和文化,还可以吸引游客,提高增值产品的价值。

（4）由于建筑物的效率很高,供暖和制冷的成本较低,大部分电力都是自发的,因此额外的成本在短时间内就能抵消。

（5）混合用途,出行距离短,靠近工作场所、托儿所和学校,商店和服务设施齐全,步行环境安全,公共交通系统频繁且方便,因此可以避免私家车的资本支出和运营支出,从而使生活更加便宜。

卫生系统对个人和社区都有成本,该村比一般村庄更健康,原因有几个:

（1）一个设计良好的可持续发展村庄在夏季要比一个传统设计的村庄凉爽,这是因为有了局地温差控制,减少了热浪导致的疾病和死亡人数,尤其是对最脆弱的老人、婴儿和儿童而言。

（2）四通八达的街道网络模式,加上混合用途和较高密度的开发,促进了步行和骑自行车的交通方式,而不是以汽车为交通工具,体育活动对健康有多种有益的影响,例如,减少心脏病、肺癌以及慢性和急性呼吸道疾病;减少道路交通伤亡;减少暴露于道路交通噪声的机会,这种噪声会影响心血管疾病、高血压和心理健康等身体健康;减少主要非传染性疾病的风险,以及延长预期寿命。

（3）对绿地的高度重视是有益的,因为科学证据表明,绿地和公园与身心健康的改善息息相关。

（4）当地生产的新鲜健康食品供应量增加,也与饮食相关疾病的发病率降低有关。

● 长期"持久"的社区

此外,正如前面所述,碳中和村的目标还必须包括温室气体排放之外的其他可持续性问题,而且可持续性与时间问题密切相关。在法语等其他语言中,"可持续"一词被翻译为"耐用",这并非偶然,耐用性应是循环经济中产品的一个关键特征。这对经济评估或旨在提高村庄可持续性的投资的成本效益有很大影响,因为大多数"绿色"投资的回报时间不可能在短期内实现,而是在中长期内。此外,还应考虑到可持续发展措施带来的许多惠益很难或有时不可能用货币量化,例如:

· 由于抗灾能力增强而避免的成本(灾难性事件的影响降低,如洪水或缺水或缺粮)。

·增加的创业活动和就业率对整体经济的影响。

·生活质量,源于公园的可用性和基本服务的可靠性,如能源、水和卫生设施,源于合理的收入、当地经济的改善,源于吸引富裕居民和新的经济活动。

● 治理

应在村一级建立参与式管理模式。应引入定量和定性的关键绩效指标(KPI),以评估碳中和模式的实施水平。关键绩效指标可从设计建议中得出,目标应根据事前分析和合理的行动计划进行调整。

主要利益相关者应参与规划阶段的工作,以便分享愿景和设想的行动。应设立一些"旗舰"项目,旨在吸引民众广泛参与,并为实现生态目标而自豪。旗舰项目的例子可以是引入"无塑料"区、禁止使用一次性产品、改用 100% 可回收包装、改造污染场地以创建公共休闲空间。

还应制定适当的管理办法,以批准符合 10 项原则的规章制度,并监督其执行情况。特别是混合收入和混合使用目标,这是社会经济方面的中长期目标,建议设立一个观察小组和定期磋商程序。

促进创新和可持续发展的企业应该有一个明确的管理结构(代表/委员会/办公室),以支持具有特色的长期目标。

设计建议:

◇低成本住房应占住宅建筑面积的 20% ~ 50%;每种保有权类型不应超过总数的50%。学校和现有的社区之家可以作为社会创新中心的合适场所。

◇在对促进可持续发展的基础设施进行经济评估时,应始终考虑整个生命周期。

◇挖掘、再生和提升地方文化遗产,将其作为身份标志和经济活动的动力。

◇将可持续农业作为发展过程的核心。

◇先进的农业实践。

◇将生物多样性保护作为吸引因素和标志。

◇邀请创意阶层的代表("数字游牧民族"、艺术家、设计师)体验村庄,并为社区设计过程献计献策。

◇邀请服务公司和轻工制造公司在村庄设立分支机构,雇用当地人。

◇促进当地城市服务公司的发展,可以是村庄居民的合作社,提供城市服务:能源、水、废水处理、固体废物管理和运输。这些企业将最好地解决抗灾战略问题,并找到适合当地的解决方案。根据循环经济原则,分散的能源生产和环境服务提供方式是当地创造就业机会的潜在来源。

◇为手工艺品企业提供适当数量和规模的空间,这可能成为村庄的经济支柱。

◇为共享经济和循环经济相关活动提供适当数量和规模的空间。应建立乡村制造实验室,以支持高科技手工艺以及物品修复和再利用文化。

原则 10:生态意识

创建碳中和村是向未来可持续、和谐住区迈出的重要一步,它实施的模式将成为后碳社会所有人类社区的特征。除其他外,碳中和村的目标是在技术创新的背景下,恢复和推动农村活动和农村生活,重建人与自然之间的"古老联盟"。根据这一原则,它应成为教育游客、支持学习和推广活动的活生生的例子。

作为重新和谐的展示,碳中和村将展示其与周边农村地区和荒野的关系,显示出一种共生关系,而不是目前的寄生关系。

●碳中和村:通过多样性提高复原力的示范项目

建立新的联系不仅意味着使用新兴技术和工艺,更主要的是以整体和系统的方式与现有技术和工艺建立联系的新方法。从本质上讲,人们总是不愿意改变自己的习惯和观点,而促使他们改变的最好办法就是用清晰可见的例子来证明,新的习惯和观点比旧的更好。这就是示范项目的主要功能。它们是活生生的例子,说明新产品或新系统(在我们的例子中是定居点)如何运作,以及如何比以前的产品或系统更好。这并不是一件容易的事,因为碳中和村不仅在应用技术方面是全新的,而且还要求生活在其中的人们改变行为方式,这些改变是采用循环经济概念的直接结果。这种新方法还体现在一个社区的发展与过去相比必须遵循的不同趋势,即强调生物、生产和社会多样性概念的趋势。

培养多样性的需要源于实现更强复原力的要求,这是应对洪水、台风、干旱、虫害等气候变化预期影响的必要条件。设计合理的碳中和村可以满足社会和技术/工艺对多样性和复原力的需求,因为混合用途和混合收入意味着多样性,微电网中使用多种可再生能源也是如此。

多样性还应支配对来自过去的形式、结构和实践的保护,当时多样性和韧性是文化的一部分。它们不仅应作为过去不复存在的文化化石被保留下来,而且应作为我们可以学习的珍贵、活生生的信息被保留下来。这在建筑(见原则 3 和原则 4)和农业生产方面尤为真实。

●改变行为的生态教育:后碳住区和碳中和村展示

在应对气候变化和迈向可持续发展的背景下,碳中和村展示了一个理想社区的面貌,其中包括应对这些挑战所需的技术、工艺、生活方式、社会组织和个人行为。这个社区模型围绕创建一个与大自然连接并融入地球生态边界的更幸福、自我意识更强的人类社区的长远目标。碳中和村强调通过教育提升生态意识,这是实现后碳社会的关键。

该村不仅是系统性行为改变的实例,而且其简单的生活方式提供了一种教育范式,值得在更广泛的范围内,尤其是在城市化地区推广。这种模式从农村生态转型的角度,重新定义了城乡关系,展示了农村在生态转变中的领导作用。

为了让碳中和村成为一种新生活方式的示范,需要传达一个积极和充满希望的信息。对于居住在其中的人们来说,这个村庄自然吸引人;然而,对于那些只是偶尔访问的人来说,重要的是要通过有效的叙述和教育手段,让他们理解村庄的运作方式、与自然的和谐相处及其生态价值。

为了增强生态意识,应通过精心设计的活动、跨媒体制作、社交渠道等手段,介绍村庄的故事和居民的生态行为。这样的沟通计划不仅能吸引人们的注意,还能传达知识和可行的解决方案。

此外,碳中和村应投资于教育和传播,以改善经济状况并鼓励更多人参观和学习。这种互动可以产生符合可持续经济原则的活动,促进正面的社会效应。

　　但是,必须注意避免旅游过度带来的问题,例如"打卡式旅游",这种游客往往对村庄造成负面影响,不利于可持续发展。为了解决这一问题,应采取具体行动,通过旨在改善游客行为的教育活动,促使他们将自己视为村庄社区的一部分,从而减少破坏性行为并增加经济价值。

　　总之,碳中和村的教育和展示活动应当与创新行动一样接受审查,以确保其效果和可持续性。通过这种方式,碳中和村不仅能够成为生态意识提升的活生生的平台,还能促进可持续的社会和经济发展。

　　设计建议:

　　◇尝试设计为村庄服务的系统(水、能源、废物、运输),同时考虑到这些系统不应完全隐藏,而应留下可见的部分,以展示它们是如何工作的。

　　◇根据原则9,与当地社区共同设计参观路径和叙事材料。

　　◇让社区参与者参与叙事过程,每个人都应参与故事讲述,展示自己对碳中和模式的贡献。

　　◇考虑设计一个"环境意识提升中心",通过体验和无障碍展品提供有关环保做法的培训。在这个地方,居民和游客不仅可以了解村庄及其周边环境的吸引力,还可以了解其可持续发展的特点。

　　(1)为什么要以这样的方式设计建筑,展示节能特点和所取得的节能量?

　　(2)如何在考虑传统做法和解决方案的同时解决可持续发展问题?

　　(3)为什么商店、酒吧、餐馆、酒店和住宅按照它们的分布方式分布?为什么街道按照它们的设计方式设计,强调没有必要拥有汽车,出行基于健康的步行和骑自行车?

　　◇能源系统如何运作,包括微电网、可再生能源和储存,固体废弃物如何处理以进行回收利用。

　　◇食物垃圾和废水如何成为沼气和养料,用于生产食物的土壤,从而结束循环,避免或减少对人工肥料的需求,强调消费当地生产的食物。

　　◇水循环如何运作,雨水收集、非饮用水回收利用、径流控制、海绵城市概念等。

　　◇节约能源和减少废物的良好行为实践——可持续农业实践的运作方式及其优势。

　　◇粮食生产、饮食和健康之间的关系。

　　◇如何应用循环经济概念。

　　◇所有系统如何相互影响。

　　本节"碳中和乡村设计的十大关键原则"深入探讨了碳中和乡村发展的核心原则和策略。这些原则着重于在乡村地区实现可持续发展的重要性,同时强调了现代科技与传统农耕智慧的结合,以及对现有基础设施的更新改造在推动乡村振兴中的作用。重点包括对可持续性原则在建筑和环境设计中的应用,以及对碳中和目标的影响。此外,还分析了重庆地区在实施碳中和乡村战略时所面临的特定挑战,包括地理特点、气候条件、人口统计和农业发展趋势。最终,提出了一系列具体的规划和行动指南,涉及气候数据、混合用途节点、供暖和制冷、可再生能源等多个方面,旨在指导实现碳中和乡村的转型。整体上,这一部分强调了将可持续发展原则纳入乡村规划和设计中的重要性,并提出了一系列实用的建议和策略,以促进生态友好、经济活力和文化传承的乡村发展。

4.3　规划设计实践

No.1:黄瓜山村,重庆永川

黄瓜山村位于重庆市永川区南大街街道,黄瓜山山脉中段,因所处山形酷似黄瓜而得名。它的农业主要是粮食生产(以水稻为主)、水果种植(梨和枇杷)和畜牧养殖(猪、牛、羊、鸡和鸭)。第二产业是农产品加工。第三产业以小规模零售为主。近年来,随着游客的增多,民宿酒店等旅游配套服务业也逐渐增多。据政府统计,黄瓜山村现有企业 11 家,从业人员近 200 人,年创产值 1 亿元,为该村的发展奠定了经济基础。同时,该村与周边城区联系紧密。具体的挑战、机遇包括:

● 挑战

(1)新居住地定居的社会和环境影响,包括与当地人融合和参与社区的策略。

(2)旅游发展对传统生活方式的影响。

(3)支持乡村增长的空间规划,保护建筑遗产并促进和谐扩张。

(4)雨季洪水风险。

● 机遇

(1)吸引不同类型的新居民(退休人员、年轻专业人士和被乡村地区吸引的家庭)。

(2)公私合作伙伴关系的商业机会。

(3)创建可持续空间规划和水-能-废物循环。

(4)食品循环的"展示窗",在环境影响和能源生成方面优化性能。

(5)基于该地区可开发的所有可再生能源来源,开发新的能源系统,目标是完全自给自足,能够吸引公司和专业人士来实施和运营。

(6)将信息技术整合到农业生产中,从当前的农业实践转变为生态农业。

(7)为新居民和游客重建传统制造活动。

(8)在保护文化遗产中扮演关键角色。

(9)通过改善土地管理和城市结构减少洪水风险。

● 10 个原则的应用

在建议进一步地实施行动时,所采用的方法是考虑所有可能开发的可再生能源,并将其与当前可用的转换技术相结合,这些技术已被公认为可行且具有成本效益(或接近可行且具有成本效益)。其目的是满足碳中和住区的条件。另一种方法是尝试关闭所有可能的循环:水、废物、食物,包括将食物中所含的养分回馈给土壤。

原则 1:气候数据和温室气体清单

黄瓜山村积极有效地利用 20 世纪六七十年代的集体建筑和土地,将废弃的建筑和土地资源转化为创建"美丽乡村"的重要契机,体现可持续发展、节能节地的理念。黄瓜山村的年平均气温在 14~15 ℃(1 月平均气温为 4.8 ℃,7 月平均气温为 26.3 ℃)。该村气候宜人,温室气体清单包括建筑物、交通、固体废物、工业等的直接能耗和间接能耗。由于涉及经济效益,村民们有很强的节能意识。这些能源消耗数据以家庭测量为基础。这些数据为该村建立温室气体清单提供了技术支持。

原则 2：连接良好的混合用途节点

要实现碳中和排放，必须在城市设计层面合理确定街道布局。目前黄瓜山村总体规划的目标是建设"美丽乡村"。特别是对黄瓜山老街的改造，目的是将老街改造成一条文化街，让游客被太尉庙、胭脂泉书院等历史建筑和古戏台所吸引。在老街上，对现有建筑进行了翻新，并在某些地方进行了重建。附近的小村庄狮子滩村为游客提供了民宿。村子的东侧被指定为主要居住区和政府行政办公区。医院和菜市场等公共服务设施也将主要布置在村东。

街道的布局以有机的形式排列，与山体的轮廓线和原有的街道纹理相呼应。这样可以减少对山体的开挖，更好地保护自然环境。村庄中部和东部的地势较为平坦。这些地区的建筑和街道几乎都是南北朝向，以最大限度地增加白天的日照。当地政府及其他行政和服务设施，如政府办公室、菜市场和医院等，也都布置在村子的东部，以减少对主要旅游景点老街的干扰。

在发展规划中，主要街道宽约 14 m，呈南北走向。内部道路系统宽 5~8 m。在老街北部附近的大型公共设施周围布置了一个集中停车场。村东的屿头镇政府附近有一个面积约 400 m² 的农作物交易市场。

此外，村内街道的宽度和方向设计也是为了通过利用太阳能增益来减少建筑物的能耗。当地的主要街道宽约 14 m，呈南北/东西走向。在发展规划中，主要街道中间增加了景观运河。运河两岸用大石头堆砌，两侧铺上石板和卵石，并种植落叶树和彩叶树。在这些主要街道上，运河两侧的道路为单行道，行人和车辆是分开的。

原则 3：供暖和制冷

气候是采暖或制冷能耗的主要驱动因素，而居住区内建筑物的布置方式对所需能源的数量起着重要作用，因为建筑物的朝向是冬季利用太阳辐射和夏季遮挡太阳的关键要素。在村庄建筑节能设计中，主要控制建筑高度和造型系数。建筑高度一般控制在 3 层，建筑造型系数一般控制在 0.3 以下（见图 4-21）。

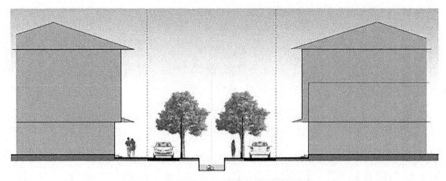

图 4-21　黄瓜山村新规划的道路路段

该村多山，属亚热带季风气候，气候条件优越。常年主导风向为东南风和东北风。建筑应南北朝向，主要立面应避开冬季主导风向，以减少冬季采暖能耗。建筑窗户采用南北向穿透串联设计，夏季形成"跨厅风"，减少夏季空调制冷能耗。建筑立面设计采用立体绿化。夏季,植物可以减少对太阳辐射的吸收,起到节能、降温的作用。在冬季,通过遮挡建筑物主立面的风,可以达到隔热保温的效果。村里的一些建筑已经被改造成节能建筑。一个典型案例是黄瓜山老街的一栋房屋翻新项目(见图4-22)。这座建筑原先是个粮仓,将这座建筑改造成节能建筑的新技术——采用了新的建筑外壳和节能设备。通过对屋顶、墙体和基础的隔热,以及使用适当隔热的门窗,减少了外壳的热损失。

图4-22 房屋翻新项目

在旧建筑改造中,合理设置天窗,通过屋顶天窗引入自然采光,实现室内均匀柔和的采光。通风效果垂直通透,改善室内空气质量。天窗应采用低辐射玻璃,因为它具有良好的隔热性能,可有效减少建筑物的能源损耗。

·屋顶技术:对原有的坡屋顶进行了翻新。为了保留原有坡屋顶的骨架,拆除了腐朽的木梁,并根据新的承重要求增加了一些新的木梁。解决了漏水和保温性能差的问题。

·墙体技术:修复的目的是保护建筑物的风格和历史特征。在墙体外侧的混凝土砌体上喷涂无色保护剂,对原有的石墙和砖墙有很好的保护作用。在解决外立面风格保护、外墙保温和防潮等问题的同时,还解决了山区民居阳面墙体与室内空气温差大,容易结露,进而滋生霉菌的问题。

·门窗技术:建筑中使用了双层低辐射铝合金门窗,带有中空断桥。这些门窗可以有效减少由于门窗的冷热传导导致的室内外热量频繁交换,从而降低能耗。同时门窗具有高隔音性能,提高了室内舒适度。

·地板技术:清理室内原有地面,在混凝土基础上铺设防潮防水层,解决部分山区因雨水造成的室内积水问题。

该项目采用了地源热泵、雨水收集和利用技术,降低了能耗,产生了综合经济效益,也产生了积极的社会影响。从这个意义上说,该项目展示了节能技术的应用如何产生良好的经济、社会、环境影响。

原则4:温室气体排放

在黄瓜山村的建筑施工和翻新中使用了当地的环保材料。在当地居民活动中心的改造项目中(见图4-23),对建筑屋顶进行了重建。在原有倾斜骨架的基础上,拆除了腐朽的木梁,并根据新的承重要求增加了一些新的木梁。此外,还采用了双层30 mm木纤维板和全浇注30 mm细砂混凝土,建筑物上增加了耐候性防水涂层、粘接抹灰隔热层和当地瓷砖。

图 4-23　使用当地材料和方法扩建居民中心

　　在翻新工程中还采用了墙体技术。如前所述,黄瓜山村多风。考虑到这种气候条件,在墙体外侧喷涂了一层专为混凝土砌体设计的无色保护剂,以更好地保护原有的石材和砖块。同时,在墙体内侧,对原有的砖石墙进行了修补,清理了原有的砖块,并用水泥砂浆填补了石缝。根据当地的气候条件,还在墙体内表面增加了一层薄薄的保温层。

　　此外,在新的开发计划中,新铺设的道路全部采用当地的铺路石,就地取材,以减少运输能耗(见图 4-24),优先考虑石材、木材、竹子、稳定压缩砖等建筑和道路材料。这些材料与文化遗产相一致,也可在当地生产,从而减少对运输能源的需求并加强当地经济(见图 4-25)。

图 4-24　利用当地现有岩石新建道路

图 4-25　当地木材的利用

原则5：可再生能源

一些住宅楼和酒店中，采用了地源热泵技术来提供冬季供暖。这项技术利用了地下土壤有效的蓄热和蓄冷能力，在冬季和夏季都能提供适宜的室内温度。该村现有改造后的屋顶安装了光伏板，并已分发到各家各户。黄瓜山村部分楼房屋顶安装了太阳能热水器和储水箱。将太阳能转化为热能来加热冷水，可以提供住宅热水需求的一部分。

当地的农业废弃物和有机废弃物被用于能源生产和堆肥。在黄瓜山村东侧，建立了一个有机垃圾堆肥/再利用设施和一个小型垃圾压缩中转站。该村傍河而居，有永久性河流，为水能转化为电能提供了基础。村内道路照明设施采用太阳能光伏路灯，通过将太阳能转化为电能，降低道路照明成本，减少污染物排放。

原则6：水循环

黄瓜山村采用了雨水收集技术。居民楼和商业楼的屋顶都安装了雨水收集管道，将雨水引入地下蓄水池。在供水方面，村里的居民区周围建起了生态水库，各家各户通过净化系统与自来水管道相连。此外，还安装了雨污分流的排水系统。处理后的废水用于灌溉和种植。此外，结合现有的水渠，还建立了一个生态池，以提高暴雨期间的雨水储存能力（见图4-26）。已建成两座生态公共厕所（见图4-27），以减少人类有机废物在当地环境中的排放。结合"海绵城市"建设，采用透水路面，减少雨天路面雨水径流。

图4-26　为储存雨水而设计的生态池

图4-27　通往生态公共厕所的人行道的可渗透表面

原则7：固体废物

该村改进了垃圾分类和收集方法。固体垃圾分为有机垃圾和无机垃圾两种。同时，村里还建立了垃圾清理、运输、回收的长效机制。在村东侧建起了有机垃圾堆肥再利用设施和小型垃圾压缩中转站。镇上也建起了垃圾分类处理站。

原则 8：能源、水、食物和废物循环

黄瓜山村已将有机废物用于能源生产。例如，当地的农业生产废物和有机废物被用于能源生产和灌溉。典型的农业生产废弃物——玉米秸秆被收集起来并进行厌氧消化。沼气浆被回收和再利用。产生的沼气储存在储气柜中，然后通过管道输送到农户家中，供日常能源使用。产生的沼气渣主要流向附近的农田和蔬菜基地。由于都是沼气渣，也方便运往其他需要的地方作为肥料。同时，村里的雨水也得到了再利用。家家户户已经开始收集雨水，用于冲厕所、洗衣服、清洁地板和植物灌溉。此外，还试点使用太阳能和生物质能。

原则 9：就业机会和休闲

该村对外交通便利，旅游服务业发达，民宿、乡村酒店众多，每逢周末和节假日，都会吸引大量周边地区的游客前来观光旅游。2017—2018 年，村里年均接待短期游客超过 44 万人次。他们主要是周末游客。这些游客的到来，使得村里，尤其是黄瓜山老街的大量农家乐被出租，成为一两日游的民宿酒店。这些项目为约 2 000 人创造了经济活动和就业机会，并促进了创新，吸引了来自城市的年轻人到村里生活和工作。

原则 10：生态意识

村里有一些历史文化遗址，如太微寺（见图 4-28）、古戏台和松云文化园。这些遗产被保留下来，以支持当地的旅游业，成为该村的生态友好型产业。在发展规划中，太庙和古戏台前的区域被保留下来，并重新开发成一个重要的公共空间，不仅供当地居民使用，还能吸引游客（见图 4-29）。通过这种方式，这些空间既促进了当地经济的发展，又以生态的方式为公众提供了公共活动场所。

图 4-28　太微寺

● 建议进一步实施的行动

（1）开展能源与碳审计，建立村庄能源资源综合监测平台。

（2）在设计村庄东部的新住宅区时，应提供多种类型的住房，形成社会经济组合。这也有助于满足不同家庭类型的需求。在建筑物所有权发生变化时，在翻新建筑物时可能

图 4-29 旧表演舞台前的新公共空间

也应遵循同样的方法,以避免贫民化。建筑物的底层应设有商店和其他服务设施,以促进混合使用。集中停车场应提供光伏篷和电动汽车、电动自行车和电动摩托车充电点,其路面应是透水的。

(3)无论是翻新现有建筑还是建造新建筑,最重要的目的都是通过优化围护结构的隔热性能、窗户尺寸以及玻璃的热学和光学特性,最大限度地降低能源需求。不过,作为最低要求,墙体和屋顶隔热层的厚度不应小于 10 cm,导热系数 = 0.03 W/(m·K)(或不同导热系数的等效厚度)。对于朝南的外墙,窗墙比(WWR)应在 0.3~0.5,而朝北的外墙的窗墙比应是照明和卫生标准所允许的最小值。应使用低辐射玻璃。在可能或适用的情况下,无论是新建建筑还是现有建筑,都应考虑在朝南的阳台上设置可操作的阳光空间,以及适当大小的悬挑(可以是屋顶屋檐或阳台),以保护朝南的窗户在夏季免受阳光照射。屋顶设计的光伏板面积应足以提供供暖、制冷、热水和所有插头用电所需的电力。因此,应相应限制新建建筑的最大高度。

在设计村庄东部的新住宅和商业开发项目时,应确保东西向峡谷的高宽比 H/W 小于或等于 1(根据建筑物立面偏离真正南方的角度计算),并确保建筑物的主要立面朝南。在办公楼和医院建筑中,WWR 不应超过 0.5。村庄东部的新住宅公寓楼应设计成能够交叉通风,以便在夏季利用主导风的降温效果。这可以通过朝南和朝北的公寓以及限制建筑的厚度来实现。

(4)由天然纤维(如羊毛、纸、棉花、椰子纤维和木纤维)制成的隔热材料应被视为玻璃纤维或聚氨酯泡沫塑料或聚苯乙烯(EPS)的可持续替代品。黄瓜山村新建或翻新的农舍和道路项目,应通过优化设计减少建筑材料的消耗。选择能确保减少废料的材料,这一点非常重要,尤其是对高能耗材料而言。重新利用建筑垃圾,使用减少包装的产品或材料。

(5)应考虑将地下水或河水作为热泵的热源井,用于村东新开发项目中住宅和商业建筑的供暖和制冷。原因是水源热泵的效率很高,而且成本一般低于地源热泵。在现有建筑中,空气-空气或空气-水热泵更为合适,因为改造成本较高。在酒店,应使用热泵生产热水。应考虑生物质热电联产(见原则4),将其废热用于政府大楼的供暖和制冷,或用于需要低温热量的工业流程,如食品工业流程。应鼓励新建住宅楼的住户,但一般来说是村里的所有家庭,使用电磁炉而不是煤气灶。

村内停车场集中,建议设置遮阳措施,将停车场遮阳与太阳能光伏板结合,缓解电力不足,改善城市"热岛"效应。根据农业种植需求,建立"光伏农业大棚",利用农业大棚棚顶满足农业用电需求。村庄道路照明设施可采用太阳能光伏路灯或风光互补路灯,降低道路照明成本,减少污染物排放。

该村的能源资源丰富多样,应尽可能加以利用。除在所有建筑的屋顶和停车区的雨棚上安装太阳能光伏系统外,还可以利用另外3种可再生能源:风能、水能和生物质能。屋顶光伏系统的大小应满足所安装建筑的全部电力需求。水力发电已在使用,但应评估进一步开发的机会。风能几乎可以随时利用,因此可以对微型和小型涡轮机进行评估。微型涡轮机可以安装在公共照明灯杆的顶部,与太阳能电池板一起或单独为灯具供电,也可以安装在建筑物的屋顶上,还可以安装在停车场、河边和其他有空地的地方。

生物质作为一种能源具有巨大的潜力。例如,生物质可以来自周围森林的管理。这些生物质经切碎后,可作为气化器的原料,气体可用于热电联产装置。气化炉产生的生物炭可以被农民用于改良土壤,也可以出售用于其他用途,或者撒在其来源的森林中,从而完成一个循环。

生物质的另一个来源是废水(见原则5)和餐馆通过沼气池产生的食物垃圾。产生的沼气还可为热电联产装置提供动力,其余热可用于政府大楼或酒店的供暖、制冷和热水生产,以替代热泵或用于工业生产。

沼渣是沼气池厌氧发酵的副产品,经过适当处理后可用作肥料,有助于实现营养循环。对可再生能源的依赖如此之大,需要将适当的储存系统集成到智能电网中。通常情况下,电力储存是通过电池提供的,但在黄瓜山村,还应该考虑其他解决方案,例如:

①在最近的山顶上(或其他方便的地方,提供相同的水头)建造一个蓄水池,在一天中可再生能源发电量过剩的时段,用它来蓄积从村里已有的雨水蓄水池抽取的水。当电力需求高于可再生能源的电力供应时,上水库的水就会流向下水库,在那里,一个与发电机相连的涡轮机(或作为涡轮机的相同水泵)会将水能转化为电能,为小型电网供电。

②将气化器、沼气池产生的气体储存在储气罐中,然后根据电网的需要利用这些气体为热电联产装置供电。

③建立智能电网系统,以管理电力需求和供应。

(6)考虑改造和升级废水处理厂以生产沼气的可能性。这样不仅可以将处理过的废水用于灌溉,还可以将泥浆(经过适当处理后)再利用,从而几乎结束养分循环。为热电联产系统或发电机供气的沼气生产可用作补充储存系统(见原则4)。

(7)考虑利用餐馆产生的厨余垃圾来喂养沼气池(可能与用于废水处理的沼气池相同)。不要简单地将固体废物分为有机固体废物和无机固体废物,而是可以更彻底地将固体废物分为有害废物(废电池、废药品、废油漆桶)、可回收物(废玻璃、废金属、废塑料和废纸)、湿垃圾(剩菜剩饭、过期食品、果皮和果核)和干垃圾(除有害废物、可回收物和湿垃圾以外的生活垃圾)。要合理布局回收站。此外,应通过教育计划提高村民的环保意识和知识。

(8)实施各种可再生能源系统(太阳能、风能、生物质能、水能)需要当地具备建设和维护这些系统的能力,从而创造不同技能水平的新工作岗位。实施可持续发展行动,如适当的森林管理、废水和当地废物的处理与管理,以及实施村庄智能电网,也将创造其他就业机会。考虑成本效益,可设想在黄瓜山村实施一项促进更先进经济活动的行动计划,该行动计划是:

①在当地农业价值链中实现向有机生产的过渡。提供本地、健康和有机食品应被视为旅游产品的一个关键因素。

②确定并推广传统蔬菜、水果和动物品种,将其作为本地农业食品产品的独特标识。

③规划对小型农业食品工业的导游参观,同时落实信息空间和公司商店。

④推出综合乡村品牌,将食品生产、接待和文化结合在一起。

⑤推出附加服务(文化周和节日、美食之旅、自然游览、振兴之路、以家庭为导向的产品),以扩大游客的平均住宿天数。

⑥促进与废物循环有关的循环经济活动,如实施"3R"[再利用(Reuse)、再循环(Recycle)和修复(Repair)]实验室,引进新技术(3D 打印和数字制造),让年轻人参与其中。

⑦实施精准农业试点行动,将当地农民、年轻的数字制造者和学术研究人员汇聚在一起,促进当地农业的创新。

⑧建议实施面向所有村民的数字社区中心,在该中心设立社区创新经理一职,负责管理创新进程,以实现中长期目标。

(9)应从遗产地入手,创作新颖的村庄叙事。可以邀请作家、诗人、录像制作者和艺术家收集和出版村民的回忆、显著的自然事实、生活方式的质量、荒野故事等。最初可以通过住宅补助金、赞助和志愿者支持来实现,之后可以创建一个新的企业来支持这项活动的自我维持。应向所有游客展示该村的价值观。应建立一个现代化的多媒体游客中心。该中心可以与数字社区中心(见原则 9)设在同一地点,也可以设在一幢经过修复的节能建筑中,它应该是一个必到之处,在这里可以解释社区所采用的可持续发展方法,展示村庄的生活方式,介绍和销售当地产品,介绍能源系统和正在实施的封闭循环。

在游客中心,游客也应了解他们应遵守的规则,以帮助社区履行其对可持续发展的承诺:适当的废物管理、避免使用化学洗涤剂、尊重自然和文化遗产、尊重动植物以及购买当地产品的积极影响等,都可以成为建议的内容。游客应成为社区的大使;社交网络渠道的适当使用应支持这一后续进程,其管理应成为社区创新管理者的任务之一(见原则 9)。

可以在文化和旅游景点设置数字导游设备,设计手机应用程序,让游客更方便地游览景区。游客中心还可以招募志愿者,传播文化价值观和可持续乡村建设理念。

No.2:先锋村,重庆江津

先锋村位于重庆市江津区先锋镇。南距长江几十千米,距离最近的城市江津市区 20 km。先锋与市中心区之间有公交车相连。全村总面积 9.17 km²。

全村共有 60 个村民小组,2 245 户,总人口近 7 800 人。其中,8 个自然村 578 户 2 020 人,总面积约 3 km²,已纳入"美丽乡村"项目。本案例的研究区域是先锋村的南部,由 122 号公路与村内其他区域隔开(见图 4-30)。这部分由 3 个自然村组成:龙王庙、向里和严家(见图 4-31)。该区域有 194 户 783 人。"美丽乡村"项目一期建设投资 4 025 万元,其中,711 万元用于农村道路和桥梁建设,152 万元用于水系建设,718 万元用于房前屋后布置,投入 446 万元用于污水管网建设,投入 1 518 万元用于景观绿化,280 万元用于房屋收储改造,200 万元用于第三方服务机构。

图 4-30　2018 年土地利用规划

农业用地占 65%,总面积为 24.75 hm²;河湖水系占 15.44%;建成区占 19.56%,总面积为 6.87 hm²。村内建筑以一至三层砖混结构为主,村落沿河而建,白墙灰瓦,具有川渝特色,与河流水系分布结合较好。

根据 2017 年对村民的问卷访谈,该村农民收入以工资性收入为主,种植、养殖等经济性、经营性收入为辅。村民平均月收入为 3 000~4 000 元。五六十岁的村民一般在村子附近从事草皮种植,每天 100 元,年工作日 300 d 左右。经济收入主要来自土地流转,农户一般有 3 亩左右的耕地(承包地),大多流转给草皮种植户或村集体,每亩承包地可获得 1 000 元左右的流转费用,为每户带来 3 000 元左右的收入。总体而言,2017 年先锋镇村民人均收入为 20 551 元,仍落后于重庆农民的平均收入。与重庆市同期城镇居民收入 4.6 万元相比,差距更大。

支柱产业是草皮种植,种植面积达 10.67 hm²,占总耕地面积的近 70%,占先锋村行政区域面积的 1/3。土地上种植的蔬菜和水稻主要供当地消费。连片种植草坪草,底层

图 4-31　2018 年先锋村特色村庄规划图

铺设黄沙,并配备喷灌设施。从事草皮种植的农民占农民总数的 70%。大面积的草皮种植区形成了独特的乡村景观,为乡村旅游业的发展提供了支持。

旅游业对当地经济贡献巨大。主要游客类型为一日游游客。龙王庙是道教场所,源于南北朝时期。当地人信奉和谐,每逢年节等重要日子,龙王庙不仅是宗教文化的展示场所,也是传统文化的重要载体。2018 年开展的近期整治工作旨在将先锋村打造成乡村示范村,包括更好的生态和环境、美丽的景观和建筑、升级的农业、通过旅游业和服务业增加收入、更强的村级财政经济、有吸引力的和谐文化。

- 10 大原则的应用

原则 1:气候数据与温室气体清单

由于先锋村隶属于重庆市,在本案例研究中,使用重庆的气候数据来反映先锋村的气候状况。重庆地处北亚热带向暖温带过渡气候区。季风对气候影响较大,属北亚热带湿润季风气候。气候温和湿润,雨量充沛,日照充足,无霜期长,终年主导风向为东南偏东风,春夏秋冬四季分明。

重庆四季分明,春秋短,冬夏长,其中冬季最长,夏季次之,春季又次之,秋季最短。冬季寒冷,夏季炎热,春秋温和。由于季风的重要影响,降水和气温同时升降。冬季气温较低,降水较少;春季气温回升,降水逐渐增多;夏季气温最高,梅雨(当地称梅雨季节)带来的降水较多,雨季、暴雨和台风带来的降水量最大;秋季气温下降,降水量明显减少。

先锋村的能源相对便宜。该村的用电单价为 0.52 元/(kW·h),液化气每瓶 95 元(净重 15 kg)。村里还使用电热水器。该村户均电费为 115 元/月,煤气费每月 50 元。村里 95% 的家庭都有太阳能热水系统,这是提供廉价日常能源的另一种方式。由于能源费用低廉,80% 的日常能源需求(如烧水、做饭和取暖)通过用电来满足,20% 的日常能源需求通过使用燃气来满足。

原则2：连接良好的混合用途节点

先锋村的乡村道路宽度不足4 m，呈南北走向和东西走向。根据现有的村道和岭路，近期工作确定了旅游线路，并结合现有村舍和农田的肌理，人行道主要采用"软"材料，而非"硬"材料。应优先考虑使用土壤或简易人行道，以免强调硬质人行道的设置（见图4-32、图4-33）。村庄标志、回收设施和排水设施均采用简洁、生态的设计方法，并与周围的当地环境融为一体。

图4-32　乡村道路

图4-33　生态停车场（修建前后）

为了鼓励步行，减少汽车的使用，村内规划了一套小路系统，将各类景观节点串联起来。

2018年修建了两种类型的人行道，即木质人行道和石质人行道。步道采用碎黄石铺设，宽度控制在1.5 m，形成了局部步道。滨水空间铺设了木质栈道，以提供一个更加亲水的环境。木质栈道两侧种植了大片高大植物和草本植物，营造出一种与自然融为一体的感觉。

原则3：供暖与制冷

先锋村南部的房屋有3种高度(见图4-34)。单层房屋主要包括民居(多为附属房屋或牲畜房)和修复后的龙王庙。二层和三层建筑为住宅或公共服务设施。当地的房屋不超过3层,大多坐北朝南,具有良好的日照和空气流动性。一层和三层建筑多于二层建筑。大多数建筑建于20世纪80年代,少数建于2000年之后。

图4-34　现有建筑物的高度

该村已投入210多万元发展装配式建筑。轻钢装配式建筑设计可以减少对环境的污染。与其他建筑相比,它的建材用量少,能耗低,性能远优于传统建筑。装配式建筑的墙体可反复拆卸再利用,不会因墙体拆卸而产生建筑垃圾。当地的先锋居就是一个轻钢装配式建筑的例子,它是由村委会建造的旅游接待设施,同时也是绿色建筑的示范,是一座预制建筑,采用隔热围护结构以降低能耗,总投资为150万元。

原则4:温室气体排放

在设计师的帮助下,当地村民利用建筑垃圾修建了具有田园风光的人行道,体现了当地减少资源运输能耗的浓厚文化。村民们铺设废砖,采用当地风格形成田园步道,废瓦片被重新利用,砌成小挡土墙(见图4-35)。当地建筑废料的回收利用大大减少了从外部购买和运输铺路用花岗岩的费用。当地村民自己施工还能获得150元/d的报酬。

对现存的一些历史悠久、具有地域特色的老房子进行改造,重新赋予其民居、茶室等新的功能。改造工作积极利用当地材料,采用当地施工工艺,挖掘现有民居青瓦灰墙的特色,延续并适当加强民居改造,体现特色元素的延续,形成连贯的空间关系(见图4-36)。

重复利用节省了大量建筑材料。共重复使用了58 000块砖,其中15 000块用于铺设田园道路,35 000块用于围绕蔬菜园建半墙,8 000块用于其他用途。过程中使用了

图 4-35　当地工人回收建筑垃圾用于景观元素

图 4-36　回收建筑垃圾,用于铺设路面和景观元素

12 000 根废弃的竹脚手架,其中 11 000 根用于竹栅栏,1 000 根用于其他用途。旧瓦片、水箱、气缸和农具也被重新利用。共有 155 名村民参与了重复利用过程,帮助完成了总工作量的 40%。废旧材料的处理、劳工和运输成本共计 110 万元人民币。

原则 5:可再生能源

太阳能作为一种可持续能源,已在先锋村南部得到广泛应用。到 2018 年,全村 95%

的农户安装了太阳能热水器。一台太阳能热水器的平均造价为 2 500 元。为了逐步替代瓶装燃气,2018 年,先锋村决定建设低压燃气管网。

工程将沿路铺设 DN100 管道呈环状布置,燃气管道一般采用高密度聚乙烯管。气源为西气东输、川气东送。采用市政中压管道供气,在村庄设置低压加压站或加压箱,由低压管网供气。中低压加压站或加压箱的服务半径为 500~1 000 m。

原则 6:水循环

在先锋村行政区域内,自然河流包括延安河和东风河。东风河全长 7 070 m,其中 630.74 m 流经先锋村。延安河全长 2 550 m,其中 343.78 m 在先锋村。河道狭窄,平均横截面宽度 5~10 m,呈 T 形结构。坑塘水系交错,覆盖面积 4.48 hm²。总水域覆盖率为 18.5%。

2018 年的整治策略是提升沿河宅基地,留出生态廊道和通道,腾出空地,盘活存量资产,为盘活资源打下基础。2018 年迈出的一大步是将河道、坑塘连通,形成水系网络。先锋村还对村内岸线进行了整治。将分离的水域纳入整体水系,疏通农田灌溉排水渠道,形成了“渠-湖-沟”为一体的多级水网。

对东风河两岸的居民楼进行治理,拆除破旧房屋和违章自建,打造生态河道走廊,促进河岸、村庄、农田景观相互渗透。近期工作还对开阔水面的植物进行保护,尽量保留原有植被,利用芦苇、菖蒲、香葱、美人蕉等乡土水生植物净化水质,改善水质,减少农业非点源污染,同时形成原生态景观,增加亲水性。

2018 年以前,先锋村没有农村污水处理设施。利用分散式污水处理系统解决了 200 户左右生活用水问题。处理后的水质达到 B1 标准,并排入河流。结合分散式污水处理设施,建设了小型湿地,以实现再生水循环利用,并创造多样化的景观体验。

原则 7:固体废物和原则 8:能源、水、食物和废物循环

在先锋村,废弃的建筑材料被回收用于制作步道和围栏。主要来自 3 家农家餐厅的厨余垃圾被转化为有机肥料,返回田地用于有机蔬菜园。先锋村投资 80 万元建设了厨余垃圾处理设施,占地 50 m²。该处理设施的最大处理能力为每天 1 t,处理周期为 3 天。每周 2~3 次,共可收集 10 t 厨余垃圾。处理后,每吨厨余垃圾可转化为 0.1 t 肥料。肥料产出相当于从外部购买的同等重量的肥料,因此不再需要购买。处理 1 t 厨余垃圾将产生 0.2~0.3 t 废水。废水的质量符合国家标准。厨余垃圾处理设施的月电费运营成本为 2 550 元/月[0.85 元/(kW·h)],单位功耗 0.1 kW/(kg·d),可处理 6 t 有机废物。转化的肥料可满足 50 亩(1 亩 ≈ 667 m²)有机蔬菜园的需求。村里另外 25 亩供外部买家的蔬菜园也使用了转化的有机肥料。其年产值为 30 万元。租赁农田的年成本为 3 万元,管理园地的劳动成本为 10.5 万元。使用生态设备(如昆虫诱捕灯)的成本为每年 3 万元。

原则 9:就业机会和休闲活动

该地区的主要历史文化资源是道教灵地龙王庙。龙王庙是南北朝时期道教和当地居民表达和谐信仰的场所。每逢重要节日,龙王庙都是展示宗教文化的集中地,也是传承传统文化的重要载体。

以龙王庙为核心,周边升级公共活动场所,弘扬地域文化和时代精神。依托三月三庙会和传统节日,组织村民集体活动,鼓励传统活动和传统技艺的传承。

　　近期,农耕民俗博物馆周边的建设促进了农耕文化的发展。通过发展家庭农场、菜园等休闲观光农业,激发了村民对房前屋后、村庄公共环境等微环境的关注,并不断自发改善,增强了村民对村庄发展的参与感和主人翁意识,同时也为乡村旅游营造了良好的基础景观。

　　为做大做强现有草皮种植产业,先锋村与重庆市农业科研院所开展战略合作,加大草皮产品研发力度,重点培育抗寒、抗旱草皮品种。结合草皮种植,先锋村推进乡村观光休闲产业。结合当前村两委土地流转工作,村里专门开辟了风筝、足球等休闲活动体验区。

　　主要旅游项目有先锋居民宿、建在借水坑旁的龙门玉乡生态园、先锋村委会建设的拥有26张床位的传统民宿(龙门客栈)等。他们还重建了村里的传统文化载体——龙王庙,以及由村委会废弃厂房改造而成的农耕文化博物馆。新近建成的龙王庙文化广场包括原有篮球场,与龙王庙遥相呼应;重建戏台,再现庙会场景;完善人行道,软化硬化场地,种植当地植被,使之成为节日活动和村民休闲娱乐的场所(见图4-37)。

　　每个季节都精心组织了特色文化活动。每季有2~3项特色主题活动,并制定了文化活动巡演路线(见图4-38)。先锋村形成了全民参与的组织机制,以村集体为民俗文化活动的组织主体,发动村内能人、大户、合资企业、学校等,鼓励全民参与。以龙王庙文化广场为主阵地,结合文化巡演开展丰富多彩的民俗文化活动。

图4-37　龙王庙文化广场

图4-38　旅游线路和活动

原则10:生态意识

　　同时,先锋村在培养当地专业人才和政府官员方面发挥了重要作用。重庆"美丽乡村"项目专家组成员晁斌就是在先锋美丽乡村项目中接受培训的。在先锋实践过的施工队伍中,积累了50名经验丰富的施工员和班组长。此外,先锋村还邀请了7 800多人前来学习,其中包括2 000多名各年龄段的学生。还安排学生到先锋村参观,在小菜园学习蔬菜种植和养殖知识。

　　● 建议进一步实施的行动

　　(1)先锋村需要监测其能源使用情况,并建立一个全面的乡村能源资源监测平台。基于能源数据,需要建立其碳排放清单。

（2）为减少碳排放，应进一步推广混合土地使用，例如将杂货店、商店和餐馆等最常用服务设施置于住房附近的步行距离内，以避免使用汽车的需要。街道可以在底层设商店和服务设施，在上层设住宅或办公室。

（3）能源使用可以更高效。应将停车场数量最小化，并配备光伏遮篷和电动车充电点。在新建和现有建筑中，建议使用木材作为结构材料和外部包层，以及石材和天然纤维绝缘材料。在可能或适用的情况下，无论是新建还是现有建筑，都应考虑在朝南阳台设置可操作的日光室，以及适当大小的檐篷，以保护朝南的窗户免受夏季阳光的直射。

为增加碳汇，可以建立果树认领制度。该制度意味着村集体统一购买果树苗木，村民可以认领苗木，负责种植和维护，但果树属于村集体所有，果实归村民所有。

（4）应鼓励并由当地政府进一步推广建筑策略，如重用拆除房屋的废砖和瓦片，使用竹脚手架和竹篱笆。农民的房屋应进一步升级。目前农民的房屋不符合抗震要求，节能性能差，防渗功能不足，存在潜在安全隐患，但同时也无形中增加了能源消耗。

（5）生物质能源的潜力很大。一种生物质来源可来自于周围森林的管理。这些生物质经过粉碎后，可以供给气化炉，气化炉产生的气体可用于驱动联产装置。气化炉产生的生物炭可以用于改良土壤，出售给其他用途，或撒在来源森林中，形成闭环。另一种生物质来源来自于废水（见原则5）和餐馆的食物废物，可用于供给消化器。产生的沼气也可以驱动联产装置，其废热可用于供暖、制冷和政府大楼或酒店的热水生产，作为供暖或制冷时热泵的替代方案，或用于工业过程。

先锋村的案例提供了一些宝贵的经验教训。这里有混合土地使用和多种能源来源。农民已经在日常生活中根据最低成本原则使用能源。在此基础上，他们可以优化和倡导能源的综合利用。同时，农田中的生物质循环不够好，生物气生产过程中有机物来源不足（农村地区厨余垃圾较少）。应考虑提高燃烧效率，例如推广高效燃烧炉。

（6）应考虑修改和升级污水处理厂，用于生产沼气。这将允许不仅重复利用处理后的废水进行灌溉，还可以重复利用经过适当处理的污泥，从而几乎关闭营养循环。

（7）对于垃圾处理，在小型蔬菜园项目中，有机垃圾通过专门设计的设备转化为肥料，并返回小型蔬菜园，基本上实现了经济平衡。应该推广更多这种类型的有机食品生产。

（8）农村建设需要适当的设计和良好的建设系统。不应直接将城市的系统和经验复制到农村。应考虑农村的生活方式特点及其与城市的差异。

（9）目前，中国农村的机械化水平相对较低，尤其是小型农业机械的普及程度。鉴于重庆市附近有强大的制造链，先锋村可能成为先进小型农业机械的测试场，这可以创造更多的就业机会，吸引更多游客。

（10）农村教育面向城市学生；在建设过程中，也对村民和村干部进行教育与培训，并通过安排他们（连同散居在建设中的工人）的参与来推动村民的思想；同时，在建设过程中教授特殊技能，培训熟悉农村建设的干部将技能传播到其他地方，并培训能够进行农村建设的施工队伍。

结　语

随着各篇章逐渐落幕,乡村发展新篇章的曙光得以窥见。本书详尽阐述了碳中和的理论基础和乡村振兴的紧迫性,并为实现这一宏伟目标提供了切实可行的路径和策略。

从绪论到碳中和与乡村振兴的结合,再到具体的营建规划,每一章都如精心编织的丝线,逐步揭示了碳中和乡村营建的复杂纹理。我们见证了乡村地区资源空间的巨大潜力和其在碳汇中的核心作用,理解了如何通过策略和路径的精心规划,将传统与创新相结合,推动经济、社会与环境的协调发展。

在此基础上,重庆地区的案例分析提供了一个具体的实践模板,展现了如何在地方层面落实国家战略,以及如何将理论与实践相结合,形成具有地方特色的碳中和新乡村营建设计。

最终,设计规划实践章节不仅总结了本研究的成果,也为读者描绘了一个更加宏伟的蓝图。它展现了乡村振兴与碳中和之间的互动关系,为未来的研究工作指明了方向,同时也为政策制定者和实践者提供了一盏明灯。

碳中和的理想宛若璀璨星辰,并非高悬于不可触及的夜空,而是蕴藏于我们脚下的每一寸土地,等待我们以行动绘就其轨迹。不是一蹴而就的壮举,而是在细微处积聚力量,在日常中塑造未来。"碳乡融合"所记录的不仅是科研旅程的丰硕成果,它更是一次鼓舞人心的号召,激励我们每一个人为了子孙后代的福祉而投入这场绿色变革。

书中的洞见呼唤着行动的勇气,它指引前进的方向,还激发我们内心深处对于和谐共生的渴望。让我们并肩前行,以集体的智慧和个体的承诺,共筑乡村振兴的宏伟蓝图,迎接一个低碳的明天。这是一项跨越边界、贯穿人心、联结意志的使命,每一份投入都是对未来的礼赞,每一次进步都值得被载入史册。让我们在碳中和的征途上同行,使新乡村营建的篇章熠熠生辉,将绿色理念深植于这片我们共同呵护的土地。

参 考 文 献

[1] 叶兴庆.新时代中国乡村振兴战略论纲[J].改革,2018(1):65-73.

[2] 张军.乡村价值定位与乡村振兴[J].中国农村经济,2018(1):2-10.

[3] 朱启臻.乡村振兴背景下的乡村产业:产业兴旺的一种社会学解释[J].中国农业大学学报(社会科学版),2018,35(3):89-95.

[4] 新华社.习近平在第七十五届联合国大会一般性辩论上发表重要讲话[EB/OL].2020[2020-11-07].http://www.xinhuanet.com/2020-09/22/c_1126527652.htm.

[5] 付允,马永欢,刘怡君,等.低碳经济的发展模式研究[J].中国人口·资源与环境,2008(3):14-19.

[6] 王灿,张雅欣.碳中和愿景的实现路径与政策体系[J].中国环境管理,2020,12(6):58-64.

[7] 徐志明,张立冬.乡村振兴的江苏路径研究[M].北京:北京大学出版社,2020.

[8] 蒋晶晶,唐杰,王东.城市群碳达峰与协同治理研究[M].大连:东北财经大学出版社,2022.

[9] 丁彩霞.理论·实践·政策:我国农村实现"双碳"目标的三维视角[J].广西社会科学,2022(4):1-7.

[10] 王艳."碳中和"背景下农村产业融合的路径分析[J].农业经济,2022(11):113-115.

[11] 张浩楠.面向碳中和的电力低碳转型规划与决策研究[D].北京:华北电力大学(北京),2022.

[12] 王乐君,寇广增.促进农村一二三产业融合发展的若干思考[J].农业经济问题,2017,38(6):82-88,3.

[13] 姚延婷,陈万明.农业温室气体排放现状及低碳农业发展模式研究[J].科技进步与对策,2010,27(22):48-51.

[14] 石秀秀.习近平总书记关于长江经济带绿色发展重要论述研究[D].武汉:中国地质大学,2021.

[15] 李言顺.长江经济带能源效率区域差异及影响因素研究[D].上海:上海社会科学院,2016.

[16] 申丽娟,黄清华."双碳"目标与乡村振兴的双赢之路[J].生态文明世界,2021(4):34-41,9.

[17] 庄贵阳,窦晓铭,魏鸣昕.碳达峰碳中和的学理阐释与路径分析[J].兰州大学学报(社会科学版),2022,50(1):57-68.

[18] 吴一帆,许杨,唐洋博,等.长江经济带二氧化碳净排放时空演变特征及脱钩效应[J].环境科学,2023,44(3):1258-1266.

[19] 牛震.全国人大代表、中国农业科学院农业环境与可持续发展研究所所长赵立欣:农业农村如何实现"碳达峰""碳中和"?[J].农村工作通讯,2021(6):32-33.

[20] 张广辉.碳达峰、碳中和赋能乡村振兴:内在机理与实现路径[J].贵州社会科学,2022(6):145-151.

[21] 樊杰,王红兵,周道静,等.优化生态建设布局提升固碳能力的政策途径[J].中国科学院院刊,2022,37(4):459-468.

[22] 丁辉.双碳背景下中国气候投融资政策与发展研究[D].合肥:中国科学技术大学,2021.

[23] 唐伟,李俊峰.农村能源消费现状与"碳中和"能力分析[J].中国能源,2021,43(5):60-65.

[24] 李云燕,崔涵,朱启臻.从碳达峰碳中和目标愿景看乡村环境治理的困境与出路[J].行政管理改革,2021(8):32-38.

[25] 农业农村部.农业农村减排固碳十大技术模式发布[A/OL].2021-11-22.http://www.reea.agri.cn/

stkzszy/202111/t20211122_7782554.htm

[26] 田钊炜,达伟民,王雷,等.第二代生物柴油制备的多相催化剂的结构设计及研究进展[J].化学学报,2022,80(9):1322-1337.

[27] 樊静丽,李佳,晏水平,等.我国生物质能–碳捕集与封存技术应用潜力分析[J].热力发电,2021,50(1):7-17.

[28] Xie Zaiku,Han Buxing,Sun Yuhan,et al. Green carbon science for carbon neutrality[J]. National Science Review,2023,10(9):7-8.

[29] Liu Z,Deng Z,He G,et al. Challenges and opportunities for carbon neutrality in China[J]. Nature Reviews Earth & Environment,2022(3):141-155.

[30] 段晓男,王效科,逯非,等.中国湿地生态系统固碳现状和潜力[J].生态学报,2008(2):463-469.

[31] 许向南,葛继稳,冯亮,等.神农架大九湖泥炭地碳储量估算及固碳能力研究[J].安全与环境工程,2022,29(1):242-248.

[32] 徐明伟,王珊珊,韩宇,等.杭州湾南岸滩涂湿地多年蓝碳分析及情景预测[J].中国环境科学,2022,42(9):4380-4388.

[33] 陆娅楠,李心萍,李凯旋.推动长江经济带高质量发展[N].人民日报,2022-06-13.

[34] 张远生.碳中和视角下黄河流域多能互补模式及其影响评价研究[D].天津:天津大学,2022.

[35] 李春慧,胡林,王晓宁,等.基于"双碳"目标的城乡规划策略[J].规划师,2022,38(1):12-16.